Inside CERN
인사이드 세른

안드리 폴 사진
페터 슈탐, 롤프 호이어, 박인규 글 | 신해경 옮김

Inside CERN
인사이드 세른

유럽입자물리연구소의 풍경

열화당

표지사진: 이론물리학자 존 엘리스(왼쪽)와 키스 올리브. 해골에 걸린 'SUSY'는 초대칭이론(supersymmetry)의 약자다. pp.82-83.

일러두기

세른(CERN)은 1952년 2월 15일에 마련된 임시기구인 '유럽원자력연구이사회(Conseil Européen pour la Recherche Nucléaire)'의 약자이다. 이후 핵 연구를 넘어 핵을 구성하는 기본입자 연구가 주를 이루면서 '유럽입자물리연구소(European Laboratory for Particle Physics 또는 European Organization for Nuclear Research)'라 통용되지만, 전신(前身)의 이름을 그대로 이어오고 있다. 영어식으로 '선'이라 불리기도 하나, 이 책에서는 프랑스어에서 유래된 의미를 살려 '세른'으로 표기했다.

- 9 **책머리에**
  라스 뮐러와 안드리 폴

- 85 **거인들의 놀이터**
  페터 슈탐

- 361 **세른, 국경 없는 세계**
  롤프 호이어

- 435 **물리학자들의 버킷리스트, 세른**
  박인규

- 446 **세른의 배치도**
- 451 **사진설명**

책머리에

긴 대화 끝에 이 책을 만들기로 결정했다. 우리는 사진으로 찍히지 않은 곳들에 대해, 사람들에게 알려져 있지만 일반적으로는 접근하기 어려운 우리 사회의 여러 기관과 시설들에 대해 얘기했다. 바티칸의 일상이나 내부에서 본 세계은행, 세른(CERN)의 사람들 같은 주제는 어떨까? 그리고 사진은 특정 공간의 일상적이고도 전형적인, 그러면서도 모방할 수 없는 특질들을 전달해낼 수 있을까? 사진은 과학이 자아내는 독특한 분위기를 포착하고 시각화할 수 있을까?

그로부터 몇 해가 지난 지금, 사진가의 고집과 출판사의 인내, 세른 관리자들의 믿음 덕분에 우리는 세른 사람들의 초상 속에 푹 빠져들 수 있게 되었다.

사진에서는 그 공간의 분위기와 정신이 오롯하게 느껴진다. 이 작은 생활권 안에서 우리 존재의 차원과 관계에 대한 다양한 예측과 통찰이 펼쳐진다. 사진이 호기심과 경의의 증거가 되어 과학자들과 전문가들의 헌신과 집요함과 낙천주의를 드러낸다. 이 책을 그들에게, 세른의 사람들에게, 그리고 과학의 자유에 바친다.

라스 뮐러와 안드리 폴

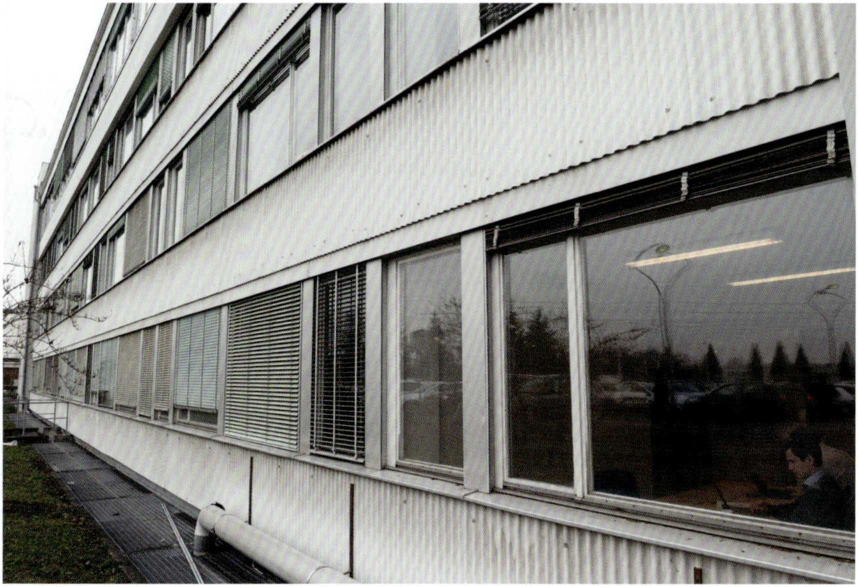

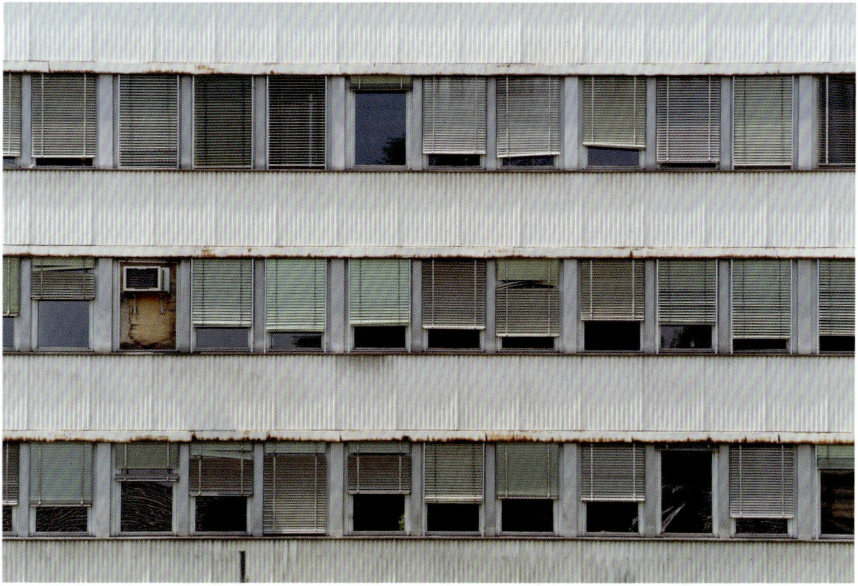

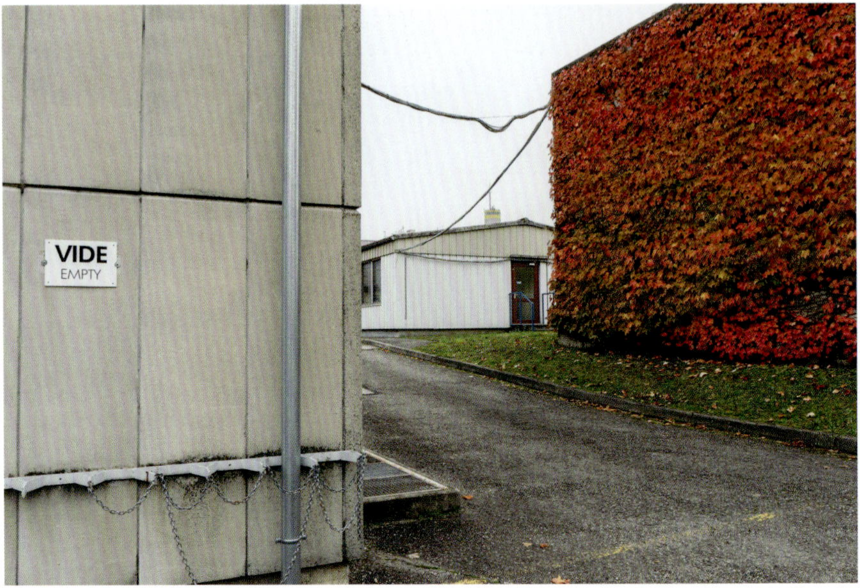
VIDE
EMPTY

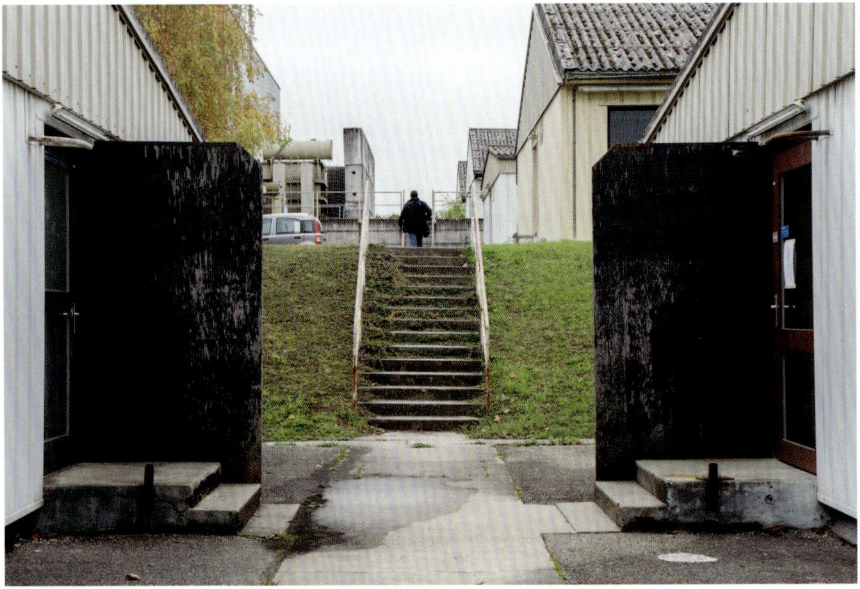

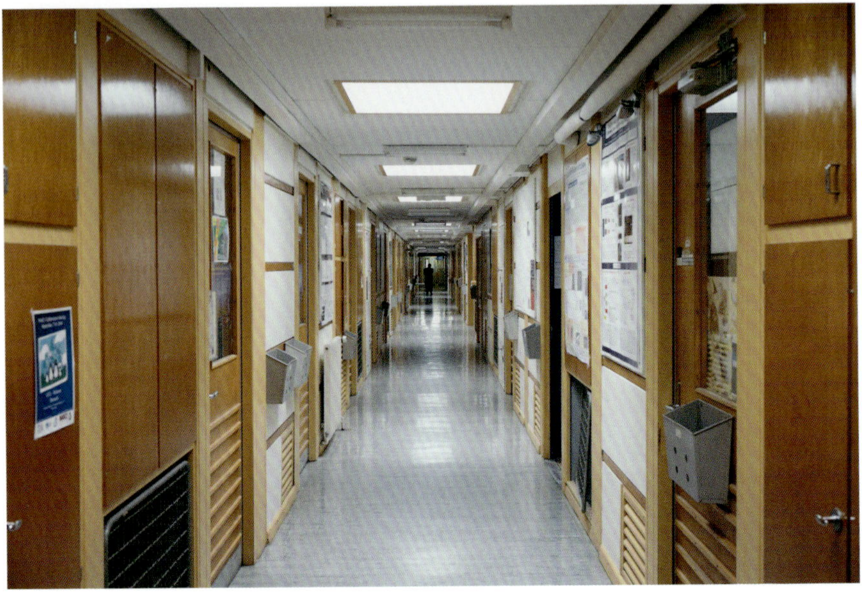

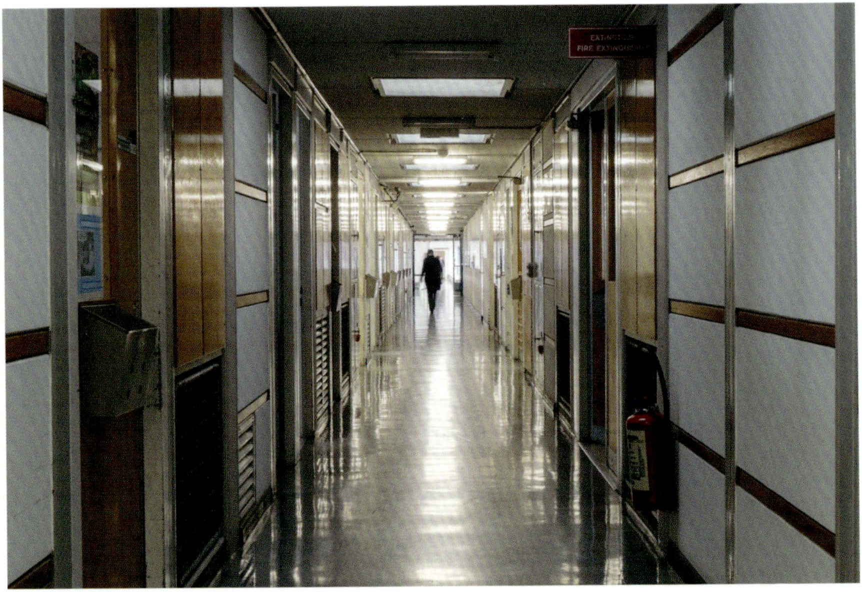

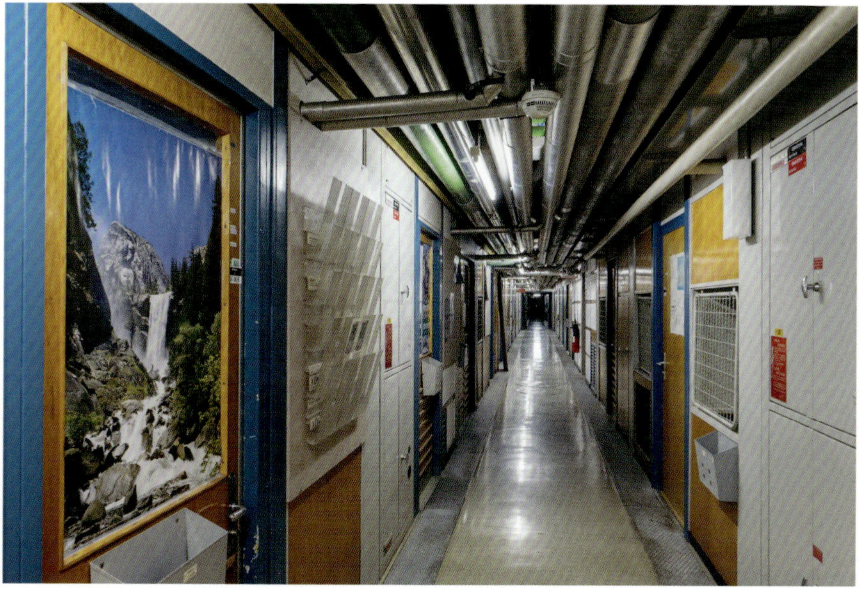

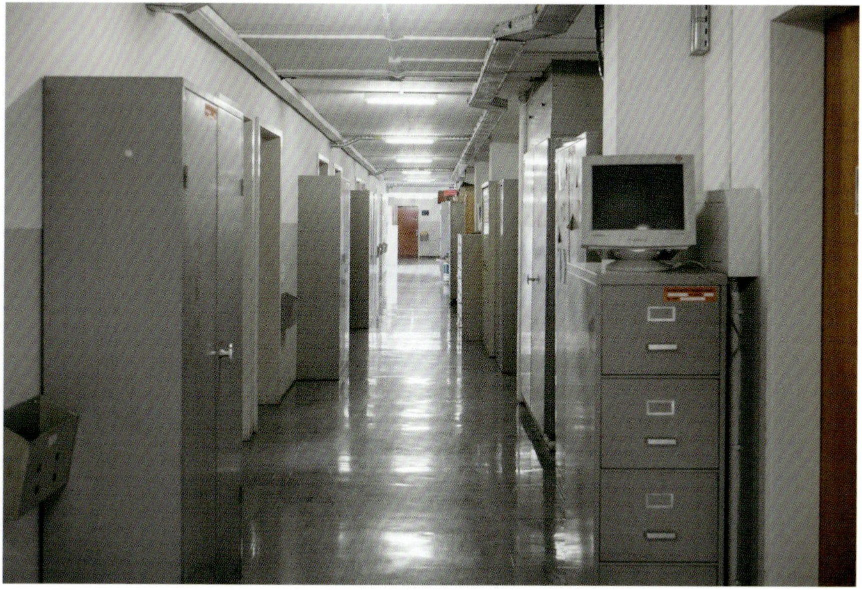

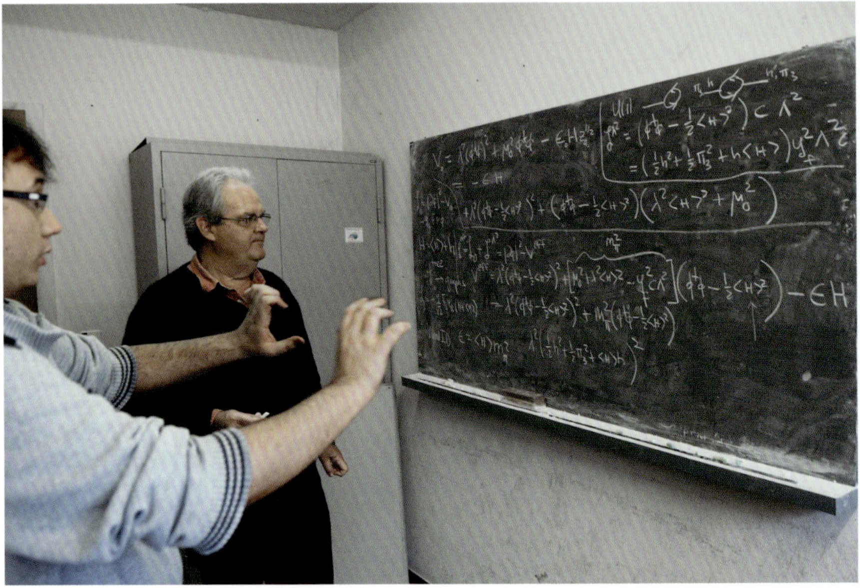

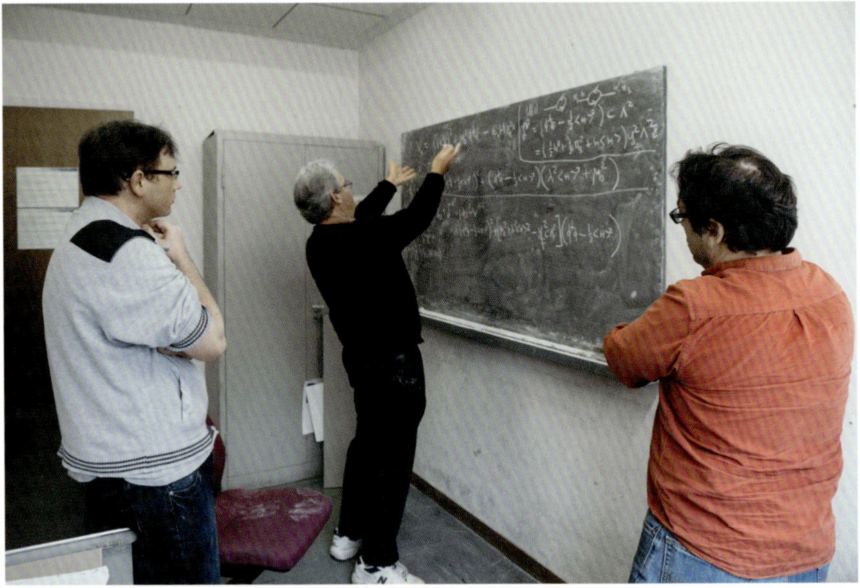

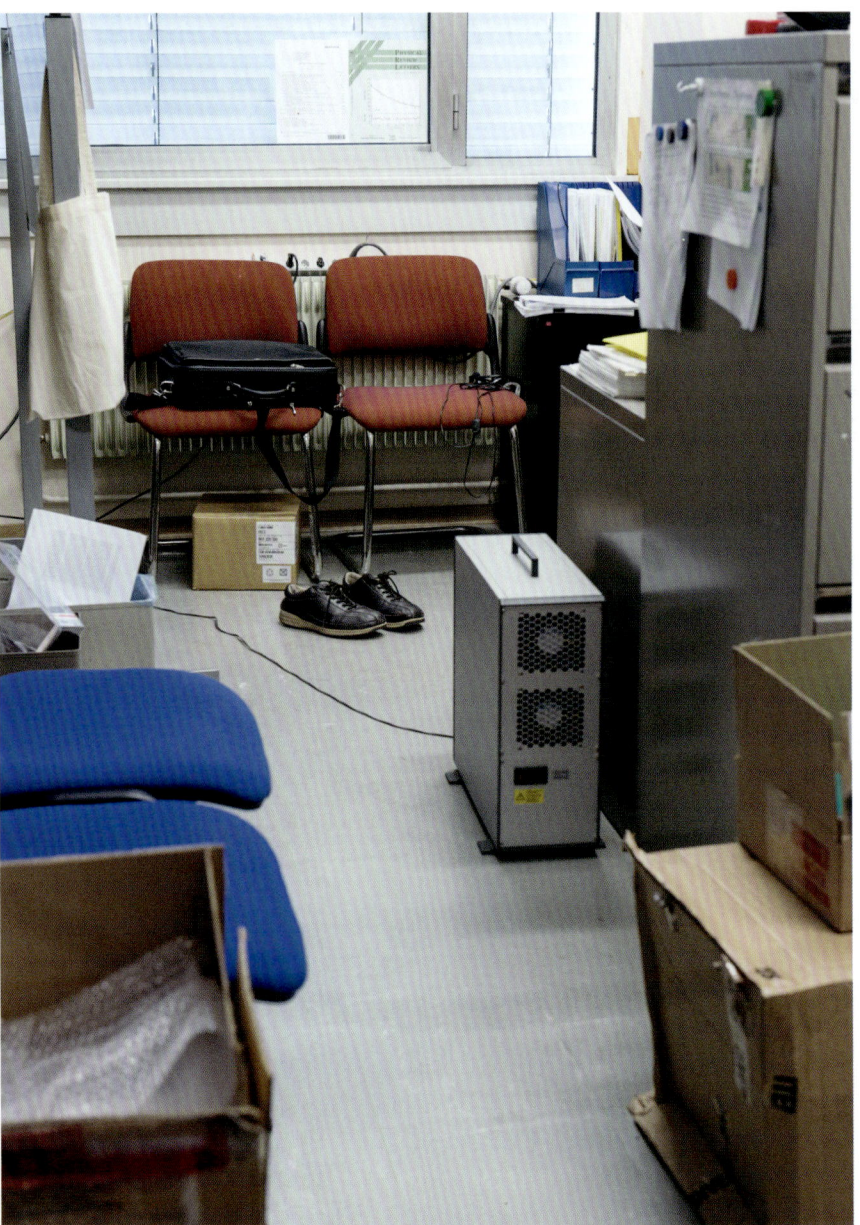

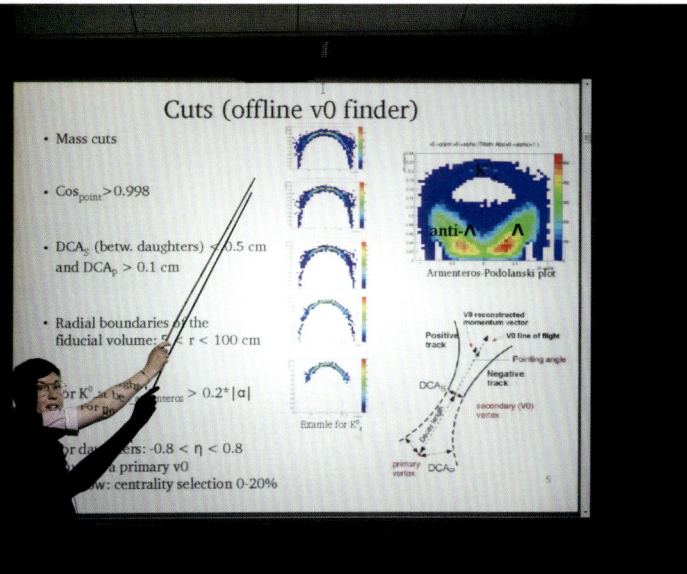

거인들의 놀이터
페터 슈탐

세른(CERN)에서 가장 현대적이면서 누가 봐도 인상적인 건물이 제네바 근처 메랑에 소재한 드넓은 단지 한쪽 끝자락에 위치해 있다. '과학과 혁신의 글로브(the Globe of Science and Innovation)'로, 원래 2002년 스위스 국제박람회를 위해 지은 구형(球形) 구조물이다(pp.412-413). 잘 관리된 잔디밭과 어쩐지 너무 커 보이는 녹색 울타리에 둘러싸인 목제 구체가 이십칠 미터 높이까지 솟아서 멀리서도 잘 보인다. 때는 막 수확을 끝낸 들판 위로 푸른 하늘이 펼쳐진 온화한 여름날 저녁이다. 저 멀리 아파트와 주택들 위로 솟은 산맥이 두터운 뭉게구름을 이고 있다. 저녁 러시아워 차량들이 벌써 메랑로(路)로 몰려들고 있다. 비행기 한 대가 인근 공항에서 이륙한다. 여름빛을 받은 그 풍경이 모형 기차놀이 세트마냥 아주 단정하고 깔끔하다. 자칫하면 공백공포증을 불러일으키는 스위스 인구밀집지의 은밀한 매력이 느껴진다.

글로브 안에서는 미래적인 느낌을 물씬 풍기는 멀티미디어 쇼가 어떻게 입자들을 빛의 속도에 가깝게 가속할 수 있는지, 입자들이 어떻게 충돌하는지, 네 개의 거대한 검출기는 어떻게 새로 생성된 입자들은 관찰하는지 등, 발 밑 백 미터 아래에서 이십칠 킬로미터에 이르는 원형 거대강입자충돌기(Large Hadron Collider, LHC)로 진행되는 연구들을 방문객에게 설명한다. 세른에서 일하는 과학자들에게 가장 중요한 질문은 '물질의 기원과 물질을 이루는 다양한 입자와 그 형태'다. 전시장을 만든 이는 그 질문을 보다 극적이면서도 일반적인 용어로 표현한다. '우리는 어디에서 오는가? 우리는 무엇인가? 우리는 어디로 가는가?' 세른에 대한 대중적 관심이 상당한 만큼 전시장은 꾸준하게 방문객들을 끈다. 매년 십만 명이 안내원을 따라 이곳을 둘러본다.

방문객 프로그램을 책임지는 관리자 믹 스토르(Mick Storr)는 세른을 투명하게 보여주는 것이 중요하다고 강조한다. "저희는 비밀이 없습니다. 어디서든 사진을 찍을 수 있어요. 방문객들은 원하는 누구와도 얘기를 나눌 수 있고, 이곳 직원들과 같은 식당에서, 어쩌면 노벨상 수상자가 앉은 바로 옆자리에서 밥을 먹습니다. 저희도 연구 결과를 알릴 수 있어서 정말 좋습니다. 세른은 모든 걸 발표하거든요. 회원국들뿐만 아니라 모든 인류를 위해 일하는 거지요."

방문객 안내소 앞에서는 미국에서 온 학생 무리가 어느 젊은 세른 직원에게 질문을 퍼붓고 있었다. 자세히 보니 두 달 전에 여기 왔을 때 내게 입자가속기를 보여주었던 프랑스인 물리학자 마크 굴레트(Marc Goulette)였다. 그는 지난 해 동안 방문객들을 지하로 안내할 때마다 안전모에 별을 하나씩 붙였는데, 지금까지 쉰 개가 넘었다. 지난 번 그의 폰티악 파이어버드 차를 타고 둘러볼 때 그는 어릴 때 꿈이 전투기 조종사였다고 말했다. 전투기 조종사들은 적을 격추할 때마다 비행기에 표장을 하나씩 붙인다고 한다.

세른 탐방 프로그램을 안내하는 사람들은 모두 정규 직원이지만 일반인이 거의 또는 전혀 상상할 수 없는 일을 묘사하기 위해 드는 비유를 보면, 자신들이 수행하는 추상적인 연구를 쉽게 설명하는 데 상당한 경험이 있다는 걸 알 수 있다. 양성자 빔의 에너지는 도시간 급행열차의 에너지에 비유되고, 충돌하는 양성자의 에너지는 날아가다 충돌하는 모기에 비유되며, 최근에 발견된 힉스 입자들은 대양에 이는 파도에 비유된다. 대중에게 정보를 알리는 건 세른에게 중요한 일이다. 이해 부족 탓에 그곳에서 수행되는 실험들에 대한 비판이 자주 일었다. '엘에이치시(LHC) 비판'이라 알려진 한 국제네트워크가 입자가속기 안에 초소형 블랙홀이 생성될 위험이 있다며 수년 동안 계속해서 경고해 왔다. 그리고 댄 브라운의 동명 소설을 바탕으로 한 영화 「천사와 악마(Angel and Demon)」에서는 세른에서 만든 반물질이 든 금속용기로 바티칸이 위협을 받는다. 탐방 프로그램은 궁극적으로 왜 스무 개 회원국들이 이런 실험들을 기획하고 운용하는 데 수십 억 유로의 세금을 써 왔고, 또 지금도 쓰고 있는지를 방문객들이 쉽게 이해하도록 돕는 데 목적이 있다.

세른 단지 안을 걷다 보면 그 많은 돈이 어디로 가는지 궁금해진다. 단정한 잔디밭과 나무들에 둘러싸인 건물 대부분은 1950년대와 1960년대에 세워진 이후로 유지보수에는 전혀 투자가 되지 않은 듯 보인다. 색은 바래고, 외장재는 부스러져 떨어지고, 창문에 걸린 블라인드는 파손된 채다. 삼십 년 동안 세른에서 일하고 있는 물리학자 재스퍼 커크비(Jasper Kirkby)에 따르면, 그들은 세른 이사회에 자신들이 호화로운 환경에서 살고 있다는 인상을 주는 걸 피하고 싶어 한다. "게다가 어느 정도의 불편은 창의성을 기르는 데 좋거든요. 진짜 문제는 공간 부족이에요. 연구실이 충분치 않아요." 하지만 실험 문제로 가면 절대 비용을 아끼지 않는다. "그러니까, 최고 우선순위는 질이지 비용이 아니니까요." 재스퍼가 설명했다. "질을 극대화하지 않으면 실험이 돌아가질 않아요." 아주 사소한 실수가 상상도 못할 결과로 이어질 수 있다. 2008년에 거대강입자충돌기를 구동한 지 아흐레 되던 날, 초전도 케이블 내부의 잘못된 용접층 하나 때문에 헬륨 탱크가 폭발하여 엄청난 피해가 발생하는 바람에 프로젝트가 일 년 미뤄지는 일이 있었다.

세른의 많은 장비와 설비들은 최상급 표현으로만 설명할 수 있는, 이 세상에 달리 없는 것들이다. 대부분이 이곳에서 개발됐고, 일부 부품은 세른 내부에 있는 여러 작업장에서 만들었다. "여기엔 사실상 모든 것에 대한 전문가들이 있어요." 재스퍼는 말한다. "우리 공학자들과 기술자들의 놀라운 점은 아무것도 없는 데서부터 뭔가를 개발해내고 아주 사소한 점 하나까지 주의를 기울인다는 점이죠." 그는 몇 년째 우주 복사가 대기 중 구름 형성에 미치는 영향을 연구하고 있다. 세른에서 수행되는 여러 소규모 실험 중 하나다. 그가 사용하는 기후실은 완전히 새로 개발됐고, 지금껏 만들어진 것보다 천 배쯤 청정하다.

하지만 장비보다 더 중요한 건 사람이다. 내가 얘기해 본 많은 이들이 세른을 천국이라 생각한다. 왜냐고 물으면 가속기나 검출기가 아니라 다른 과학자들 얘기를 한다. "가끔 저는 화장실에 가려다가 다시 생각할 때가 있습니다. 가는 길에 너무 많은 사람과 마주치기 때문이죠." 젊은 이론물리학자인 제랄딘 세르방(Géraldine Servant)은 말한다. "연구실로 돌아올 때까지 두 시간은 우습게 지나가요." 이런 비공식적인 만남이 세른의 커다란 강점 중 하나다. "입자물리학에 연루된 사람은 사실상 누구나 이르든 늦든 여기로 오게 돼요. 그리고 수많은 사람들이 오고 가기 때문에 끊임없이 새로운 자극을 받게 되고요." 제랄딘의 연구 초점 중 하나는 암흑물질이다. 우주에는 우리가 측정할 수 있는 것보다 약 여섯 배나 더 많은 물질이 있어야 한다고 우주론 연구자들은 추론해 왔다. 그 물질을 담고 있을 가능성이 있는 '숨은 계곡'을 발견하는 것이 목표다.

제랄딘 세르방은 세른에서 칠 년을 보냈고, 지금은 사무실을 정리하는 중이다. 바르셀로나 자치대학교로 옮겨 가는 과정인데 거기서도 기본적으로 동일한 연구를 수행할 예정이다. 그녀의 연구실에는 공식이 빼곡히 적힌 칠판이 있다(pp.148-149). "저게 제 일이죠." 그녀가 말한다. "칠판을 덮는 일요." 그녀가 공식 몇 개를 가리킨다. "저건 현상론이고, 저건 좀 더 이론적인 거고, 이건 초대칭이론(超對稱理論)에 대한 거, 이건 군론(群論)에 대한 거고, 이건 우주론이에요." 그녀가 웃는다. "표준모형을 넘어서는 물리학을 하려면 모든 것을 조금씩은 이해해야 해요." 물리학의 표준모형은 알려진 입자들에 영향을 미치는 근본적인 네 가지 힘 중 세 가지를 설명한다. "하지만 이 이론으로는 대답할 수 없는 수많은 질문들이 있어요." 제랄딘은 말한다. "우리는 삼십 년 전부터 새로운 물리학이 필요하다는 사실이 알고 있었어요. 그리고 우리는 거대강입자충돌기가 그걸 찾는 데 도움이 되기를 바라죠." 제랄딘은 전자우편을 보내면서 계속해서 자기 이름의 악센트 기호를 빼 먹는다. 그에 대해서 물어보자 설명하기를, "여기에는 전 세계에서 온 사람들이 일하고 있고, 서로 엄청나게 많은 전자우편을 교환하면서 끊임없이 압박을 받습니다. 아무도 그런 건 신경쓰지 않아요."

그녀가 일하는 건물인 '4번 빌딩'은 특히나 환경이 안 좋다. 복도를 걷다 보면 1950년대로 돌아간 듯한 느낌이다.

바닥에는 낡은 장판이 깔리고, 벽은 연녹색인 데다 합판으로
만든 문에는 거의 예외없이 '물리학의 새로운 한계', '힉스
입자 사냥', '중성자 마을회의', '물질의 중심으로 가는 여행'
같은 문구가 적힌 폴란드 바르샤바나 노르웨이 트론헤임,
이스라엘 에일라트에서 열린 학회 포스터가 걸려 있다.
거의 대부분 열려 있는 문 안을 들여다보면, 공식이 가득한
칠판 앞에서 토론 삼매경에 빠진 사람들이 보인다. 복도
벽에는 세른에서 진행하는 중요한 실험들을 설명하는
포스터가 걸려 있다. 마치 이 과학자들로 하여금 자신이 왜
그 자리에 있는지 계속해서 되새기게 만들 필요가 있다는
듯이. 알림판에는 소매치기를 조심하라는 경고문이 있고,
성소수자연합이 계획한 오찬 모임 공지가 있고, 같이
기도하고 성경 공부를 하자는 개신교도 모임의 초대장이
있고, 베이스와 테너를 찾는 세른 합창단의 공고가 있다.
그리고 만화도 하나 있다. '나는 세른의 과학자, 매일
헌신적으로 찾지⋯ 주차할 자리를.'

연구실과 시설들 대부분이 위치한 넓이가 일 제곱킬로미터
(대략 삼십만 평)에 이르는 세른 본 단지의 지도에는 사백
동이 넘는 건물이 표시돼 있다. 그보다 외딴 구역들에는
저마다의 시적 감흥이 있다. 길가에 줄지어 선 포플러나무를
바람이 흔들고 지나가면 어치와 귀뚜라미의 노랫소리가
들려온다. 오래된 가속기 주변에서 양들이 풀을 뜯는다.
발길에 다져진 길은 꽃이 만발한 초원에 선 낡은 나무 막사로

이어진다. 어디선가는 버려진 냉각탑 두 개가 녹슬어가고, 케이블 릴들이 여기저기 흩어져 있고, 가지 많은 촛대 무더기가 길가에 쌓여 있다. 사실상 행인은 없다시피 하고, 이따금 세른 소속의 하얀 차가 휙 하고 지나갈 뿐이다. 일부 건물에는 방사능이나 화학물질, 고전압을 경고하는 표지판이 걸려 있어도 위험하다는 느낌은 전혀 없이 방치된 느낌만 난다. '현재 위치'. 비바람에 시달린 단지 지도에는 그렇게 적혀 있지만 같이 있어야 할 빨간 점은 진작에 사라졌다.

반은 스위스에 반은 프랑스에 걸친 세른 부지는 치외법권이다. "이 연구소에서 일하는 이천오백 명의 직원들에게는 두 나라 노동법이 어느 쪽도 적용되지 않아요." 물리학자인 미셸 구센스(Michel Goossens)가 말한다. 벨기에 출신인 그는 세른에서 삼십오 년간 일했는데, 처음에는 아이티(IT) 부문에 있었고, 2011년 이후로는 직원조합의 이사장으로 있다. 늘 순탄하지는 않다. 예산은 모든 회원국 대표들로 구성된 세른 이사회에서 결정된다. 일 년 전에 정년퇴직 연령을 육십칠 세로 연장하는 데 반대해 열린 반나절 파업이 처음은 아니었다. "세른은 스스로를 서비스 사업자라고 생각해요." 구센스는 설명한다. "연구를 하는 정규직 물리학자는 고작 여든 명 정도 밖에 되지 않아요. 대다수 실험은 전 세계에서 온 과학자들이 수행합니다. 입자가속기가 가동될 때는 여기서 일하는 사람이 만 명에 이를 때도 있습니다." 2012년 연례보고서에

세른에서 연구를 한다고 등재된 육백이십구 개 기관과
대학들 중에서 고작 절반만이 회원국 소속이다. "제가 여기서
처음 시작할 때는 세른 직원이 삼천오백 명이었어요."
구센스가 말을 잇는다. "그 사이에 숫자가 이천오백 정도로
줄었는데, 그게 일이 적어졌다는 의미는 아니거든요."
초기에는 물리학자들이 막사에서 교대로 잠을 자다시피
했다. 직원과 가족들을 위한 오락 시설이랄 것도 없었다.
지금 직원조합에는 탁구에서부터 천문학, 춤, 영화를 포함해
쉰 개가 넘는 취미 모임들이 있다. 직원조합은 유치원도
운영하는데, 제랄딘 세르방의 두 아이를 포함하여 백오십
명에 이르는 세른 직원의 아이들이 다니고 있다. 제랄딘은
자기 연구실 창문으로 아이들이 노는 모습을 볼 수 있어서
정말로 좋다는 얘기를 인터뷰 중에 했다. 여름방학 기간인
지금, 관목 울타리에 둘러싸인 색색의 나무 기차와 거대한
모래상자와 그네에는 아무도 없다.

유치원 바로 옆에 있는 작은 공원은 거인들의 놀이터처럼
보인다. 무게가 이십오 톤이나 나가는 거품상자(bubble
chamber, 기체로 증발하지 못하도록 고압으로 눌러
비등점 이상으로 가열한 과열 상태의 액체를 채워
방사선이나 소립자 등의 하전입자가 통과한 경로를 검출하는
장치—옮긴이), 플립플롭(flip-flop, 일 비트의 정보를 보관,
유지할 수 있는 논리회로로 순차 회로의 기본요소—옮긴이)
회로, 구리로 만든 고주파 공동(空洞), 1970년대의 입자

검출기 같은 이상하게 생긴 금속 구조물들이 여기저기 흩어져 있다. 원래는 세른 과학자들이 사용하던 장비들이다. 요즘 사용되는 일부 장비들도 시제품이 분명하다. 어떤 실험에 쓰는 장비에는 선풍기가 테이프로 고정돼 있다. 다른 곳에서는 물리학자들이 수천 가닥이나 되는 케이블을 손으로 일일이 용접해서 연결하느라 여념이 없었다.

"물론, 저도 용접을 많이 했죠." 취리히에 있는 연방기술연구소에서 온 펠리시타스 파우스(Felicitas Pauss)가 말한다. 그녀는 시엠에스(CMS, Compact Muon Solenoid) 검출기에 관한 연구를 진행하고 있으며, 지금까지 경력을 쌓아 오면서 세른의 여러 임원급 직책을 거쳤다. "하지만 중요한 실험들은 그런 식으로 대충 짜깁지 않습니다. 시엠에스 검출기를 개발하는 데는 십오 년이 걸렸고, 제작하는 데에는 팔 년이 걸렸어요." 그녀의 연구실 문에는 청중들의 갈채를 받는 오케스트라를 그린 장 자크 상페의 만화가 걸려 있다. 지휘자는 제1바이올린 주자를 가리키고, 제1바이올린 주자는 제2바이올린 주자를 가리키는 식으로 갈채는 자랑스럽게 답례하는 트라이앵글 연주자에게까지 이른다. "전 다른 음악가들과 연주를 많이 했어요." 파우스는 말한다. "거기서 전 모두가 중요하다는 사실을 배웠습니다. 트라이앵글 연주자의 실수가 연주회 전체를 망칠 수 있어요." 2012년에 발견되어 전 세계 언론을 열광시키며 '신의 입자' 또는 '빌어먹을 입자' 등으로 다양하게 불리는 힉스 보손(Higgs boson)은 그녀에게는 약간 지겹다. "그건 꼭 해야 할 일이었고, 우리가 해냈어요. 하지만 정말로 흥미로워지는 건 지금부터죠." 그녀가 관심을 둔 질문 중에는 '왜 물질이 존재하느냐'도 있다. "빅뱅은 물질만큼 많은 반물질을 만들어낸 게 틀림없지만, 지금 우주에서 빅뱅 때 형성된 측정 가능한 반물질을 전혀 찾아내지 못합니다. 우리는 반물질보다 물질이 더 많이 만들어지게 되는 아주 사소한 대칭성의 변칙이 있었으리라고 가정해요. 지금은 왜 그런 변칙이 있는지 고민하는 중입니다. 물리학이 정말로 매혹적인 건 이런 예외들 때문이죠." 사천 명의 과학자들이 시엠에스 검출기와 관련된 연구를 수행하고 있다. 경쟁과 협력이 섞인 흥미진진한 분위기가 연구집단들 안팎에서 느껴진다. "이런 복잡한 실험들을 해내려면 같이 작업해야 합니다. 힉스 발견에 대한 시엠에스 자료 출간에는 거의 삼천 명에 가까운 저자들이 참여했습니다. 데이터를 분석하는 사람이라면 누구나 무언가를 발견하고 싶어 해요. 그래서 다들 극단적으로 열심히 일을 하죠. 저는 교수로서 학생들에게 과장된 야망을 억제하는 모범을 보여야 합니다." 펠리시타스 파우스는 자신의 일을 삶의 방식이라고 설명한다. 어떤 시점에 가면 명예 교수가 되겠지만, 그렇다고 연구를 그만둬야 할 이유는 없다.

점심시간에는 구내 식당이 터져나갈 듯 붐비지만 저녁이 되면 빈 자리를 찾기가 쉽다. 나는 문득 거기 사람들이 얼마나 젊은지 새삼 깨닫는다. 그들이 식당과 테라스에 앉아 있다. 연구실 노트북 앞에서 혼자 밥을 먹는 사람들도 있지만 대부분은 끼리끼리 모여 앉아 활기차게 대화를 나누며 밥을 먹는다. 매년 세른에서 열리는 여름 프로그램에 삼백 명 가량의 학생들이 등록한다. 일부는 올해의 표어인 '무슨 일이야?(What's the matter? '물질이란 무엇인가'로도 해석된다—옮긴이)'가 적힌 티셔츠를 입고 있다. 그들은 두세 달 동안 강의를 듣고 능동적으로 연구 프로그램에 참여하고 사람들을 만나고 식당 바로 앞에 있는 넓은 벌판에서 축구를 한다. 내 맞은편 식탁에 앉은 사람들은 러시아어로 말하고, 다른 식탁에 앉은 사람들은 아랍어로 말한다. 영어와 이탈리아어가 많이 들리지만 일본어와 중국어도 그에 못지 않다. 파우스는 이렇게 요약했다. '세른은 국제적인 상호이해에 기여한다.' 이스라엘인과 팔레스타인인의 친선을 다지는 파티 포스터가 벽에 걸려 있다. 표어는 이렇다. '과학은 사람과 사람을 맺어준다.'

나는 세른 단지 안에 있는 여러 게스트하우스 중 하나에 묵는다. 로비에는 따뜻한 파스타 요리가 나오는 자동판매기가 있다. 객실 내 흡연과 음주는 엄격하게 금지된다. 창밖을 내다보면 '우주의 창조자이자 무용수들의 왕'인 시바 신의 동상이 보인다. 인도 원자력에너지청에서 세른에 준 선물이었다. 밤 열시쯤 내 방으로 돌아오는 길에 보니 마흔 명쯤 되는 헝가리 물리 교사들이 밖에 손전등을 켜 놓고 앉아서 기타 반주에 맞춰 노래를 부르고 있다. 그들은 일주일 동안 이곳에서 수업을 받는 중이다. 세른에서 바벨탑을 떠올린 게 이때가 처음은 아니다. 엄청나게 다양한 언어도 그렇지만, 연구 프로젝트들이 하늘에 닿은 탑을 쌓는 일만큼이나 무모하고 비현실적으로 느껴지기 때문이다.

오스트리아 사람인 미하엘 도저(Michael Doser)와 그의 연구팀은 상대적으로 작고 관리하기 용이한 실험을 수행하고 있다. 그들은 반양성자(反陽性子)와 양전자에서 반수소(反水素) 원자를 만들어내 이것들이 중력에 어떤 영향을 받는지 연구하고자 한다. 물리학 법칙에 따르면 반물질은 일반적인 물질처럼 작용해야 하지만, 반물질은 아래로 떨어지는 게 아니라 위로 떨어질 수도 있다. 반물질은 「천사와 악마」에서 바티칸을 날려버리려는 목적에 이용되는 물질이지만, 도저는 모든 두려움을 일시에 잠재운다. "반물질 일 그램은 원자폭탄 하나의 백 분의 일에 해당하는 에너지를 낼 겁니다. 그리고 반물질 일 그램을 만드는 데는 백억 년이 걸릴 거고요." 「천사와 악마」 감독인 론 하워드가 영화를 위해 사전조사를 하던 중에 세른을 방문했는데, 그가 보기에 도저의 실험은 영화에 담을 만큼 극적이지 않았다. 그래서 대신에 에펠탑만큼이나 무거우면서도 반물질과는 하등의 관계가 없는 아틀라스 검출기 안에서 영화를 촬영했다. "우리가 영향을 준 건 반(反)헬륨의 색깔에 관한 게 유일했습니다. 실제로 보이는 것과 상당히 유사해 보이죠."

사실 도저는 그 영화에 전혀 반감은 없다. 그는 영화가 재미있었고, 에스에프(SF) 영화가 과학적 사안들에 대한 대중적 관심을 촉발하는 기회가 된다고 생각한다. "촬영이 끝난 뒤에 영화팀 사람들이 그 폭탄 모형을 저한테 줬어요." 그는 말한다. "강의 때 보여주면 늘 엄청난 흥행을 거두죠." 세른은 영화의 과학적 배경에 대한 홈페이지를 게재했고, 개봉되기 전에 기자회견을 열었는데 감독뿐만 아니라 톰 행크스와 아예렛 주러와 같은 배우들도 참석했다. 인터뷰에서 톰 행크스는 신랄하게 말했다. "입자가속기로는 커피 한 잔을 데우지도 못해요. 두 살짜리처럼 원자를 부수기만 할 수 있죠."

세른에 있는 모든 도로와 길은 유명한 과학자들의 이름을 땄다. 아인슈타인로에 면한 소방서로 가는 길에 우리는 부지불식 간에 프랑스 국경을 건너게 된다. 대수롭지 않게 넘길 일은 아니다. 두 나라를 용이하게 오갈 수 있도록 소방차에 외교관 번호판을 달아야 하기 때문이다. 영국에서 온 크리스토퍼 그릭스가 세른 소방대에서 일을 시작한 1987년에는 사실상 그를 제외한 전원이 프랑스인이었다. 그는 말한다. "어느 업계 잡지에 일자리 광고가 났어요. 외국에서 일을 한다는 모험심이 저를 사로잡았죠." 지금은 십여 개 나라에서 온 남녀가 고용돼 있고, 당장은 핀란드에서 온 사람들이 많지만 스페인과 독일에서 온 이들도 많다. "한 가지만 말하자면," 그릭스는 말한다. "여기는 고전압과

방사능, 또는 화학약품과 초저온 물질 같은 걸 다루는
특화된 소방기술을 익히기에 좋은 곳입니다. 그리고 우리
소방대원들의 대다수가 다른 나라에서 온 사람들을 만나고
그들의 소방 기법들을 배우는 걸 중요하게 생각합니다."
그는 영국에서 교육을 받았고, 이후 정유업계에서 일했다.
이제 그는 스스로를 먼저 유럽인이라고 여기고 다음으로는
세른인이라고 생각한다. 은퇴해서도 영국으로 돌아갈 계획이
없다. 블랙홀이 무섭지 않냐고 묻자 웃는다. "우리 집이
입자가속기 바로 위에 있어요. 그걸 걱정했으면 애초에
이사를 했겠죠."

세른의 날은 길다. 주차장은 밤늦은 시각에도 빌 때가 없고,
도서관과 로비와 식당에서는 사람들이 여전히 공부를 하거나
랩탑 컴퓨터를 놓고 일한다. 나는 밤 열한시 반에 숙소로
돌아간다. 헝가리 교사들이 또 내 창문 바로 앞에서 노래를
부르고 있다. 그들의 인솔자는 헝가리인 물리학자인 데죄
호르바트(Dezsö Horváth)다. 은퇴했지만 여전히 연구팀 두
개를 맡고 있으며, 일 년에 두 달은 세른에서 보낸다. 그는
교사들을 위한 프로그램이 중요하다고 강조한다. 교사들
각자가 자신의 경험을 수천 명의 학생들에게 전달하기
때문이다. 교사들은 스위스로 오는 길에 뮌헨에 있는
독일박물관에 들렀고 라인 폭포를 구경했지만, 일단 이곳에
도착하고 나서는 관광할 시간이 거의 없다. 그들은 강의와
실험을 모두 포함하는 빡빡한 일정을 수행하고 있다. 그날

오후에는 하전 입자의 운동을 관찰할 수 있는, 입자검출기의 단순한 형태인 안개상자를 만들었다. "질의응답 시간에 저와 다른 과학자들 사이에 이견이 있을 때 교사들이 아주 좋아합니다." 데죄 호르바트는 말한다. "물론 제가 모든 질문에 대답할 수도 있지만 여러 관점이 제시될 때가 훨씬 재미있지요." 자신의 연구에 대해서 얘기하기 시작하자 내가 이야기 나눈 거의 모든 사람들과 마찬가지로 그의 눈이 반짝거렸다. 그는 물질과 반물질의 양을 규정하고 그 결과가 이론적으로 예견됐던 것과 동일한지 알아내려 애쓰고 있다. "아주 중요한 일이에요." 그러고는 과학적으로 접근할 수는 있지만 절대 닿을 수 없는 빅뱅에 대한 중요한 질문으로 옮겨 간다. "빅뱅의 순간에는 어떤 물리학 법칙도 적용되지 않아요." 그는 말한다. "거기엔 시간도 공간도 없었어요." 그는 종교적인 사람이 아니지만, 성 아우구스티누스가 사세기에 쓴 『고백록』에서 현대 우주론의 시간 개념을 이미 제시했다는 사실을 알고는 깜짝 놀랐다고 한다. 예를 들자면, 성 아우구스티누스는 이렇게 썼다. "천국과 지상 이전에 시간이 없다면, 그때 무엇을 하고 계셨는지 어떻게 당신(신)께 여쭐 수 있겠습니까. '시간'이 없다면 '그때'도 없기 때문입니다." 그리고 다른 곳에서는 이렇게 썼다. "당신은 모든 시간을 통해 창조하셨고 당신은 모든 시간들 이전에 계셨고 시간이 없는 시간은 절대 존재하지 않았습니다." "그는 사고를 통해 그런 결론에 도달했습니다." 데죄 호르바트는 웃으며 말한다. "아주 웃기죠." 요즘 그는 평소보다 세른에 머무르는 시간이 짧다. 보다 강력한 에너지를 견딜 수 있도록 입자가속기를 보정하느라 이 년째 가동이 중지되었기 때문이다. 그는 입자가속기가 다시 가동되는 2015년에 돌아올 것이다. (입자가속기는 2015년 6월부터 재가동되었고, 호르바트도 현재 다시 일을 시작했다.—옮긴이) "우리는 절대 멈추지 않아요. 의문이 있는 한 그저 계속 가는 겁니다. 전 제 일을 사랑합니다. 두 아들이 사업가인데 볼 때마다 저한테 아버지는 정말 행복하겠다는 말을 합니다. 둘이 나보다 돈은 훨씬 많이 벌죠. 저한테는 돈이 그렇게까지 중요하지 않습니다."

내게 세른을 안내해 준 마크 굴레트에게는 돈보다 안정성이 중요하다. 팔 년째 세른에서 일하는 중이니, 어딘가 다른 데서 일할 생각을 해볼 때도 됐다. 최근까지 그는 제네바대학에서 아틀라스 실험에 관한 박사후과정에 있었다. 현재는 두 연구팀에서 보수를 받고 있으며 안내원 일로도 수입을 얻는다. 하지만 그는 매년 계약을 갱신해야 한다. "제 친구들은 대개 가족과 집과 차도 두 대씩 있어요." 마크는 말한다. "제가 사기업에서 일하면 두 배, 어쩌면 네 배까지 벌 거예요." 우리는 세른의 모든 것에 비유될 수 있는 거인들의 놀이터 같은 그 작은 공원 그 거품상자 옆에 앉아 있었다. 물리학의 거인들 중 한 명이 된다는 건, 노벨상 수상자가 된다는 건, 책임을 지고 영향력을 가진 인물이 된다는 건 치열한 싸움이다. 세른의 정규직 연구원 일자리는 적고

수요는 엄청나다. "여긴 일자리보다 좋은 물리학자들이 더 많아요." 마크가 말한다. "그러니 모든 일이 아주 경쟁적이죠. 사람들이 밤에도 주말에도 일해요. 결국, 사람들은 자신만을 위해서 일하죠. 세른은 이상한 소우주예요. 현실이 아니에요." 그럼에도 불구하고 마크는 자신이 결국 이 소우주를 떠나고 싶어 하는지 완전히 확신하지 못한다. "떠날 거라고 말하고 있으면 가끔 갑자기 문이 열리기도 해요." 그는 말한다. "어쨌든 채용 공고가 나오는 일자리에 계속해서 지원할 거예요." 애초에 그는 어떻게 세른에 오게 됐을까? "그 질문에 답하려면 제가 여섯 살 때 포뮬러원 경주를 보던 때로 돌아가야 해요." 그리고 그는 우연과 급작스런 운명의 부침으로 가득찬 인생 이야기를 들려준다. 물리학은 차선책이었다. 원래는 시험 조종사나 우주비행사가 되고 싶었다. 그는 여전히 그쪽 분야에 채용 공고가 나는 족족 지원하고 있다. 현재는 화성에 인간을 거주시키려는 민간 프로젝트인 '마스 원'에 지원할 서류를 준비하는 중이다. 하지만 거기 경쟁률은 세른보다도 훨씬 높다. 채용 공고가 난 지 두 주 만에 칠만오천 명이 지원했다. 마크는 어깨를 으쓱 치켜올렸다. "전 그냥 언제나 목표가 있어야 되는 사람인 것 같아요."

세른에서 보낸 마지막 날에 나는 예정에 없던 우연한 만남이 매일 이뤄지고 생각들이 부딪혀 새로운 생각으로 이어지는 곳인 식당에서 재스퍼 커크비를 다시 만나 커피를 마신다.

재스퍼 역시도 끊임없이 새로운 생각을 떠올리고, 일화들을 열거하고, 외계에 지적 생명체가 있을 가능성을 말하고, 언젠가는 여성이 세상을 지배할 거라고 예언한다. 그는 종교를 우리가 답할 수 없는 모든 질문들을 던져버리는 쓰레기통이라 칭한다. "종교의 부정적인 측면 하나는 그들이 모든 대답을 가지고 있으면서 인간의 의지를 꺾는다는 점이에요." 대화가 끝나갈 때쯤 그는 심각해진다. "창의성은 더할 나위없이 중요한 인류의 능력이에요. 사람들로 하여금 끊임없이 결과를 의식할 필요 없이 그 능력을 증진시킬 수 있도록 하는 일이 우리의 의무라고 생각해요. 두려움 없이도 살아갈 수 있다는 믿음과 자유를 줘야 합니다. 그러면 사람들은 엄청나게 많은 일들을 할 수 있어요." 나는 우리가 모든 질문에 대한 답을 찾을 수 있으리라 생각하냐고 묻는다. 그는 고개를 젓는다. "과학이 우리 곁에 있은 지 이제 오백 년쯤 됐어요. 지금까지 우리는 시작조차 제대로 못했어요. 언제나 새로운 질문들이 떠오를 겁니다. 절대 끝에 도달할 수 없어요. 절대로요. 무엇보다, 우리는 아침에 눈을 뜨고 일어날 이유가 필요하니까요."

페터 슈탐(Peter Stamm)은 1963년에 스위스 셰르칭겐에서 태어난 프리랜서 작가다. 1998년에 첫 소설인 『아그네스(Agnes)』를 아르헤 페를라크 취리히 출판사를 통해 출간했다. 그때 이후로 『칠 년(Sieben Jahre)』(2009)과 『제루켄(Seerücken)』(2011)을 비롯한 여러 소설과 단편을 발표했고, 라디오극과 연극용 대본을 여러 편 발표한 극작가이기도 하다.

105

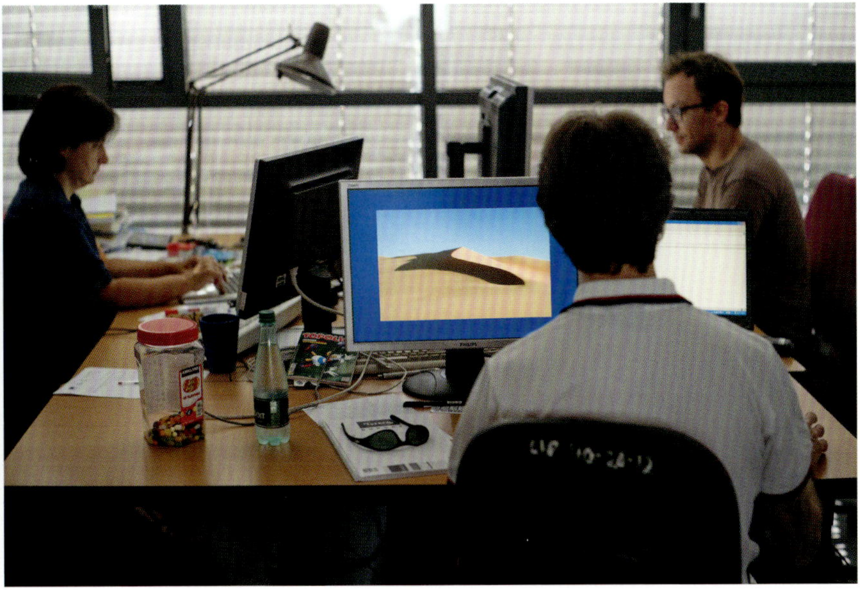

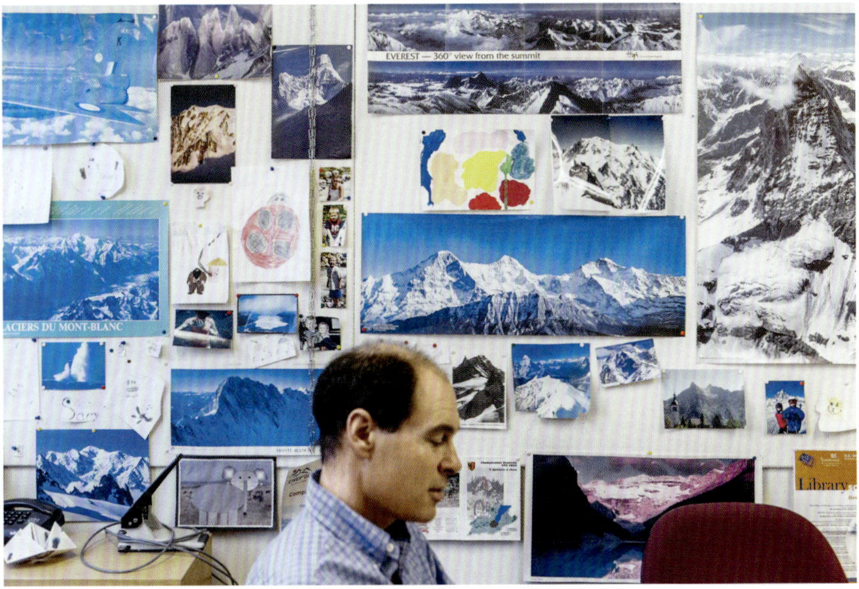
EVEREST — 360° view from the summit
LACIERS DU MONT-BLANC
Library

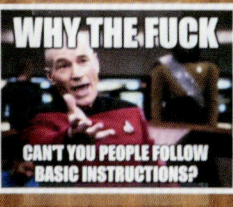

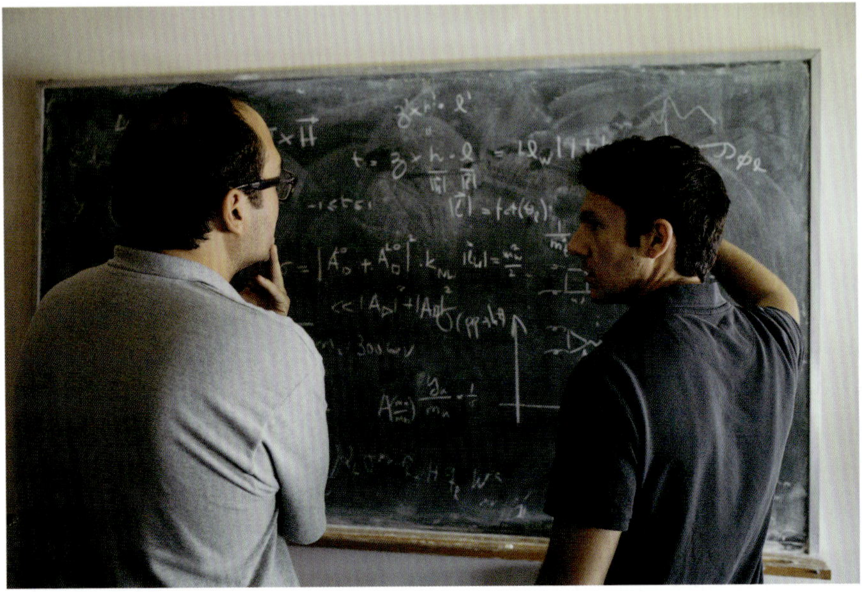

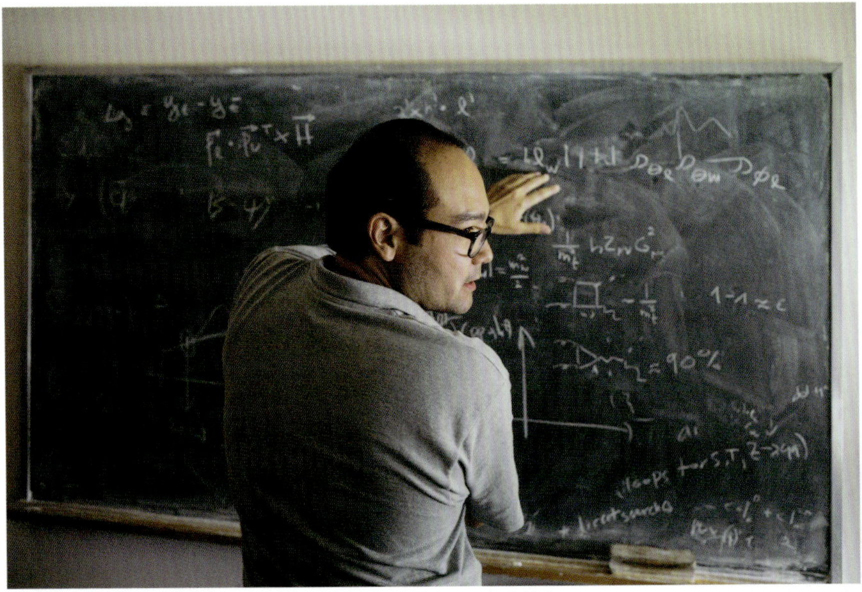

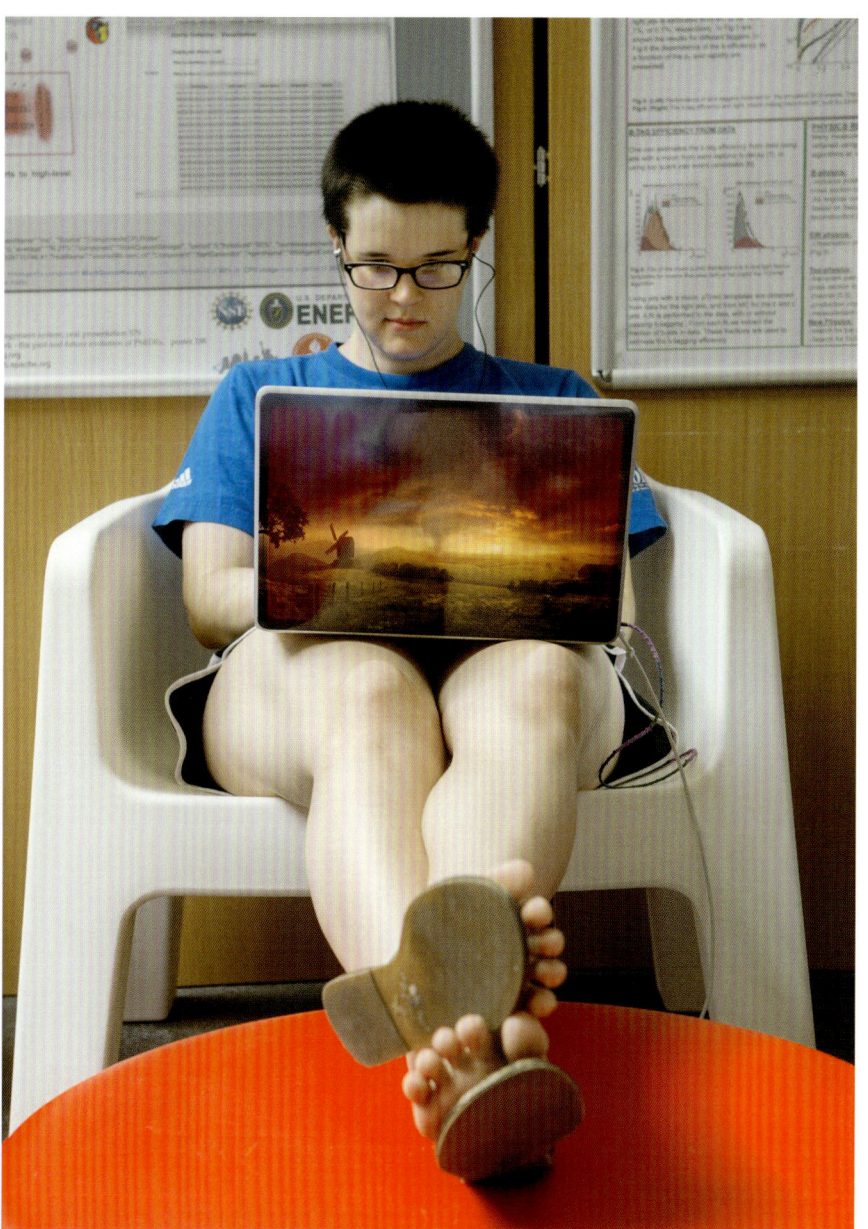

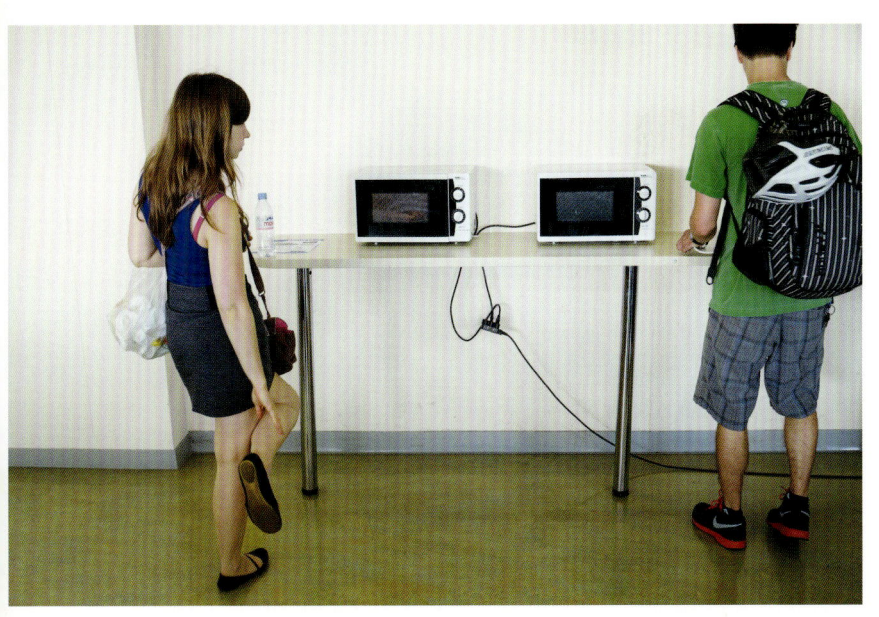

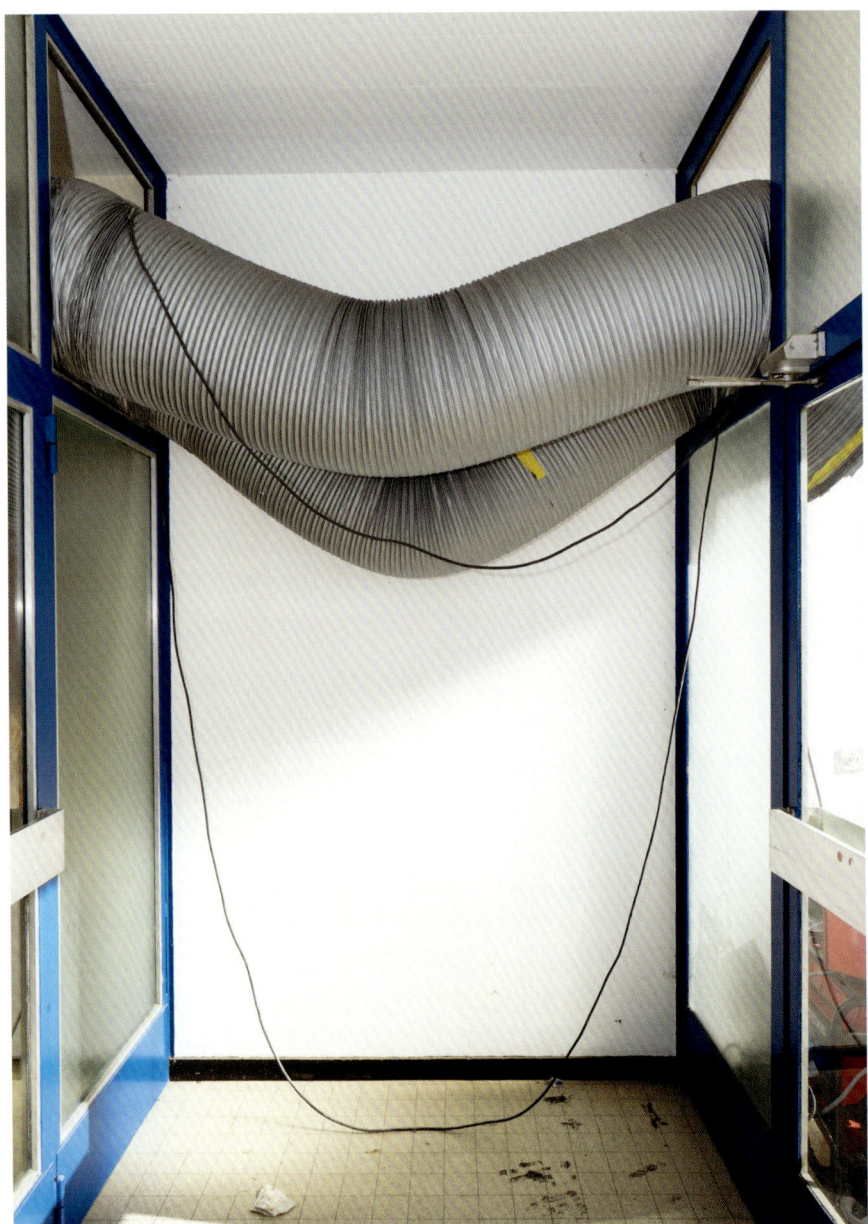

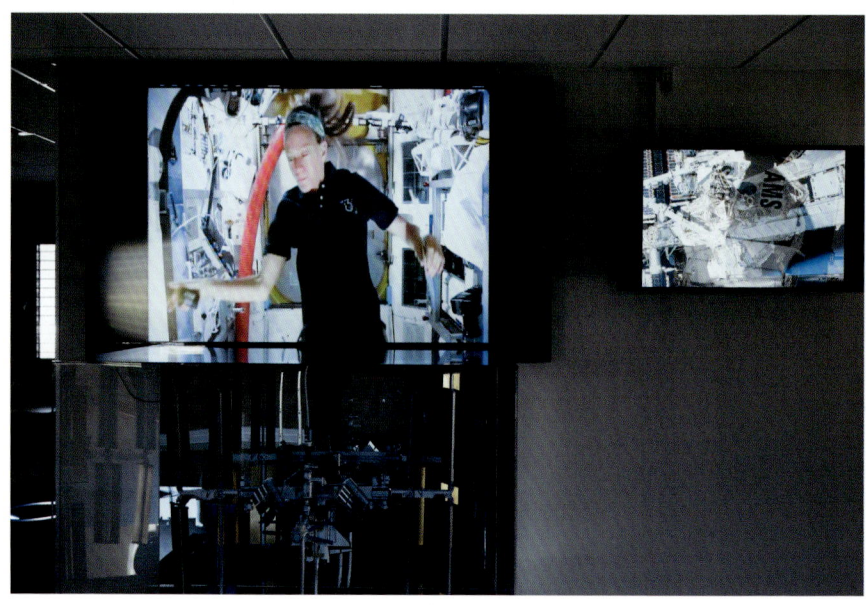

Red Bull
ENERGY DRINK
Coca-Cola
ANTI-TARTRE
Signal
CÔTES DU RHÔNE
LES COMBES SAINT-SAUVEUR
MIS EN BOUTEILLE AU CHÂTEAU

MONT-BLANC
4810m
MONT-BLANC

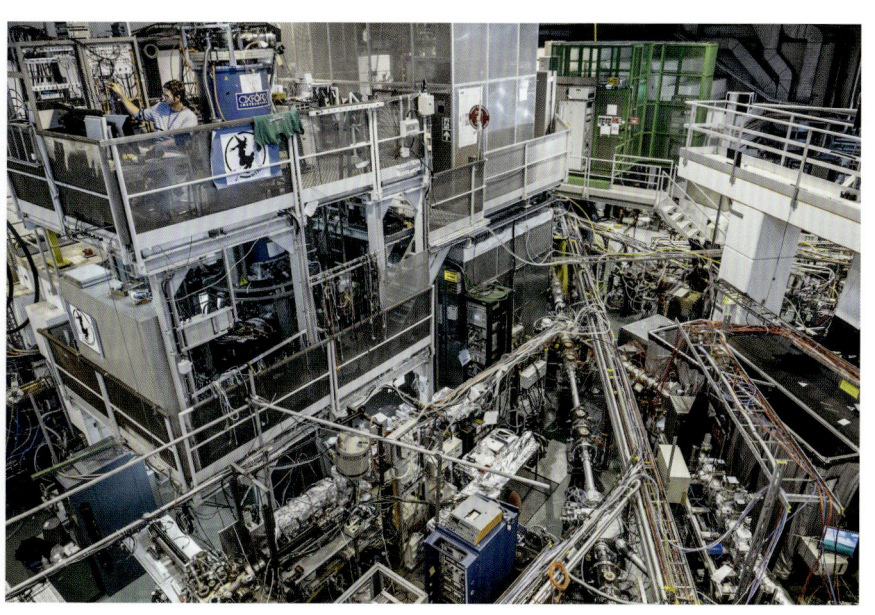

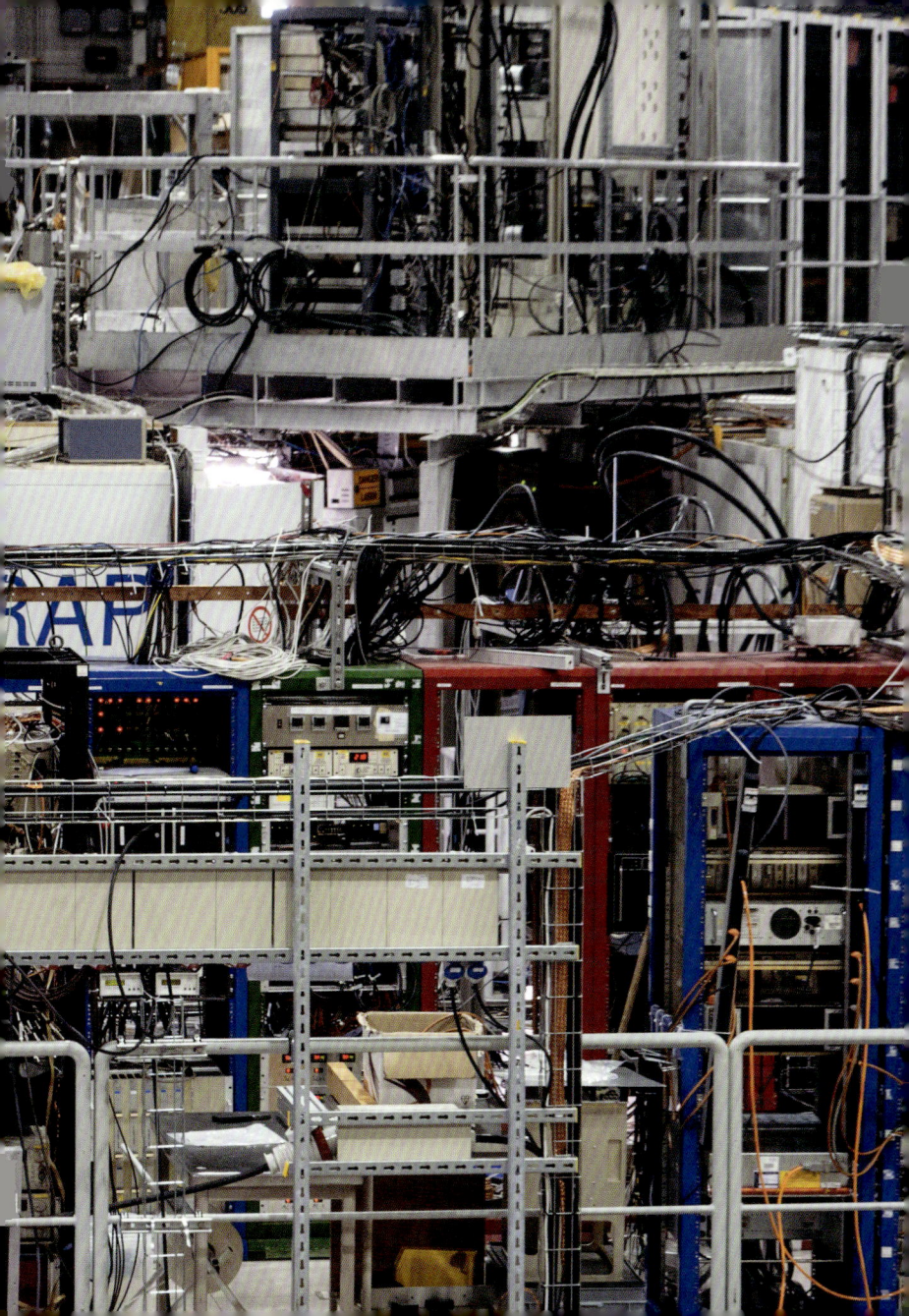

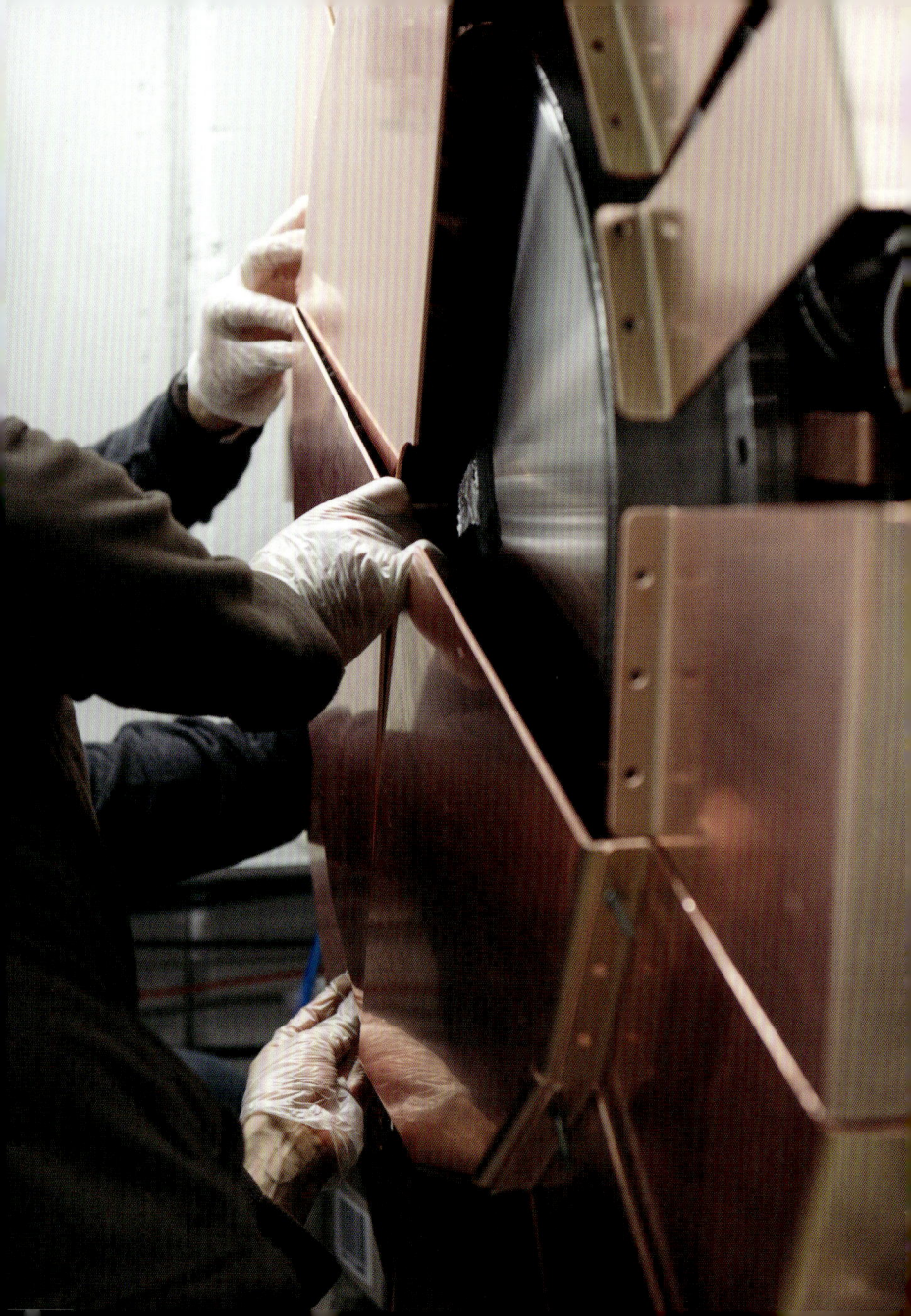

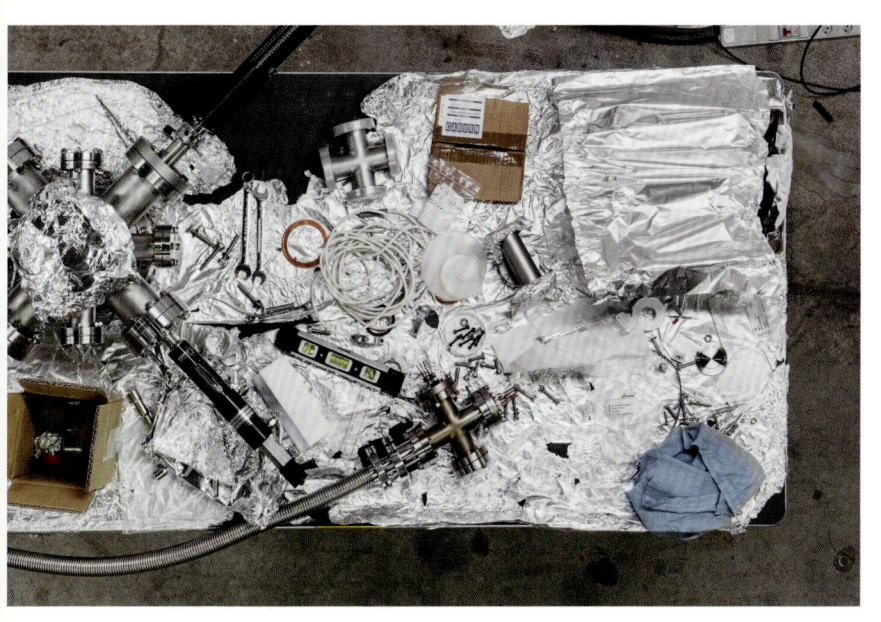

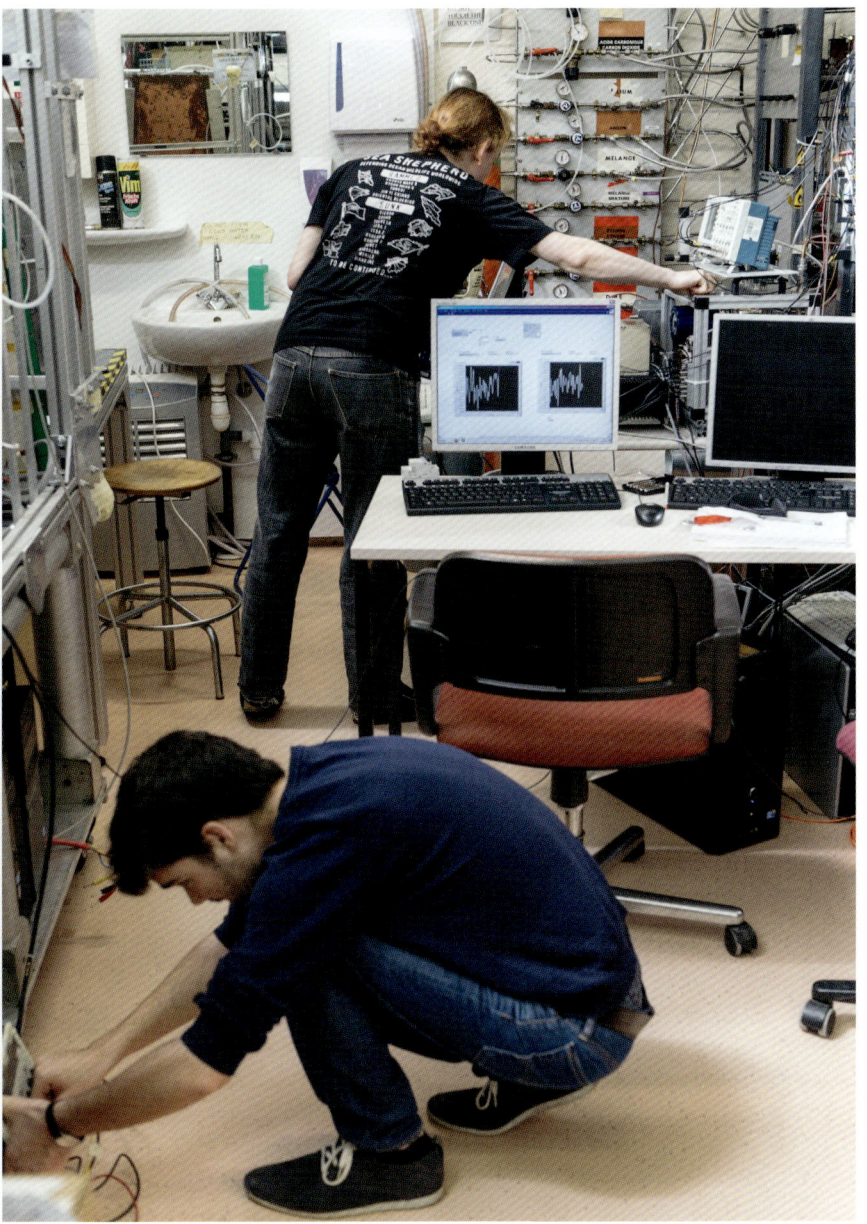

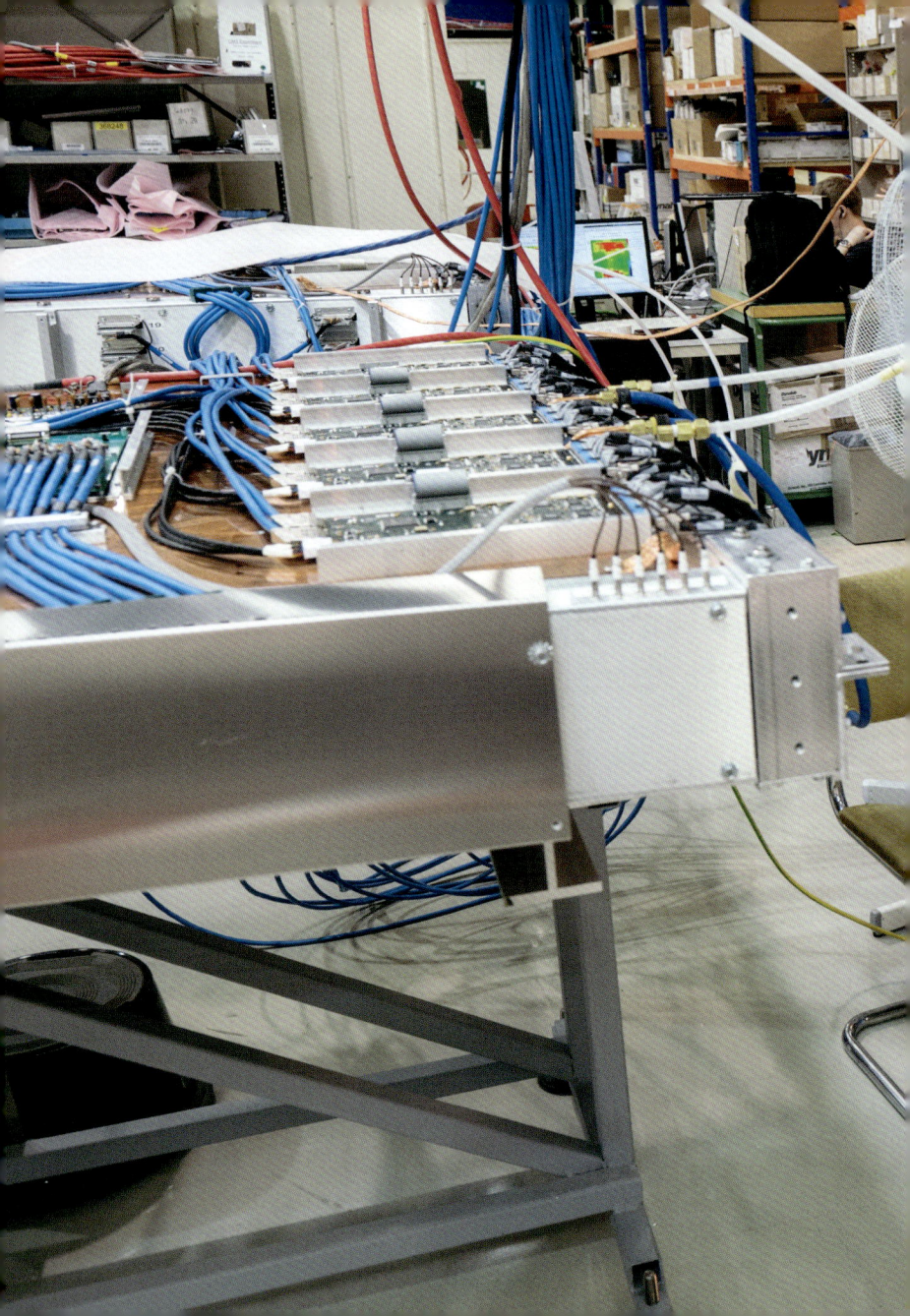

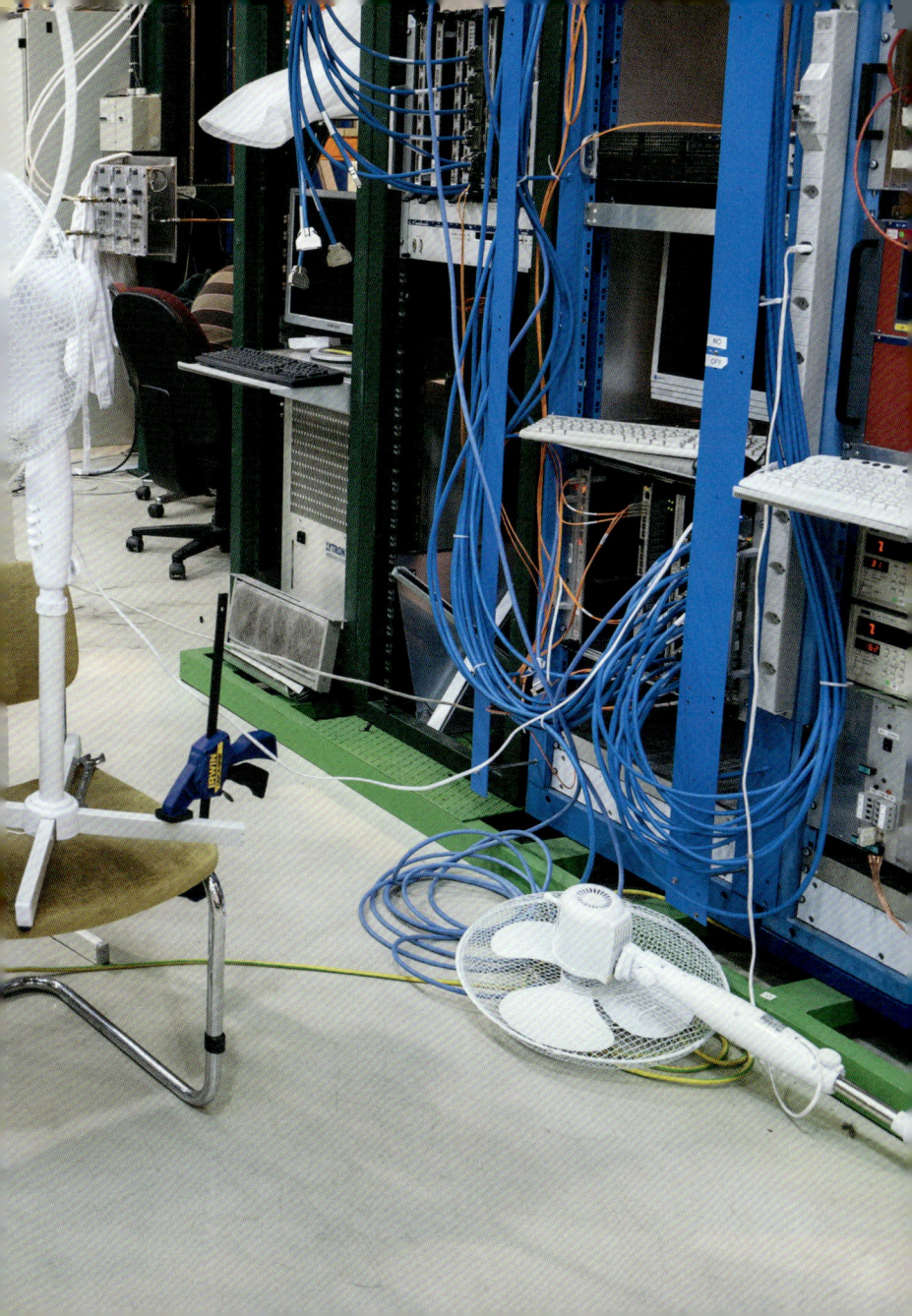

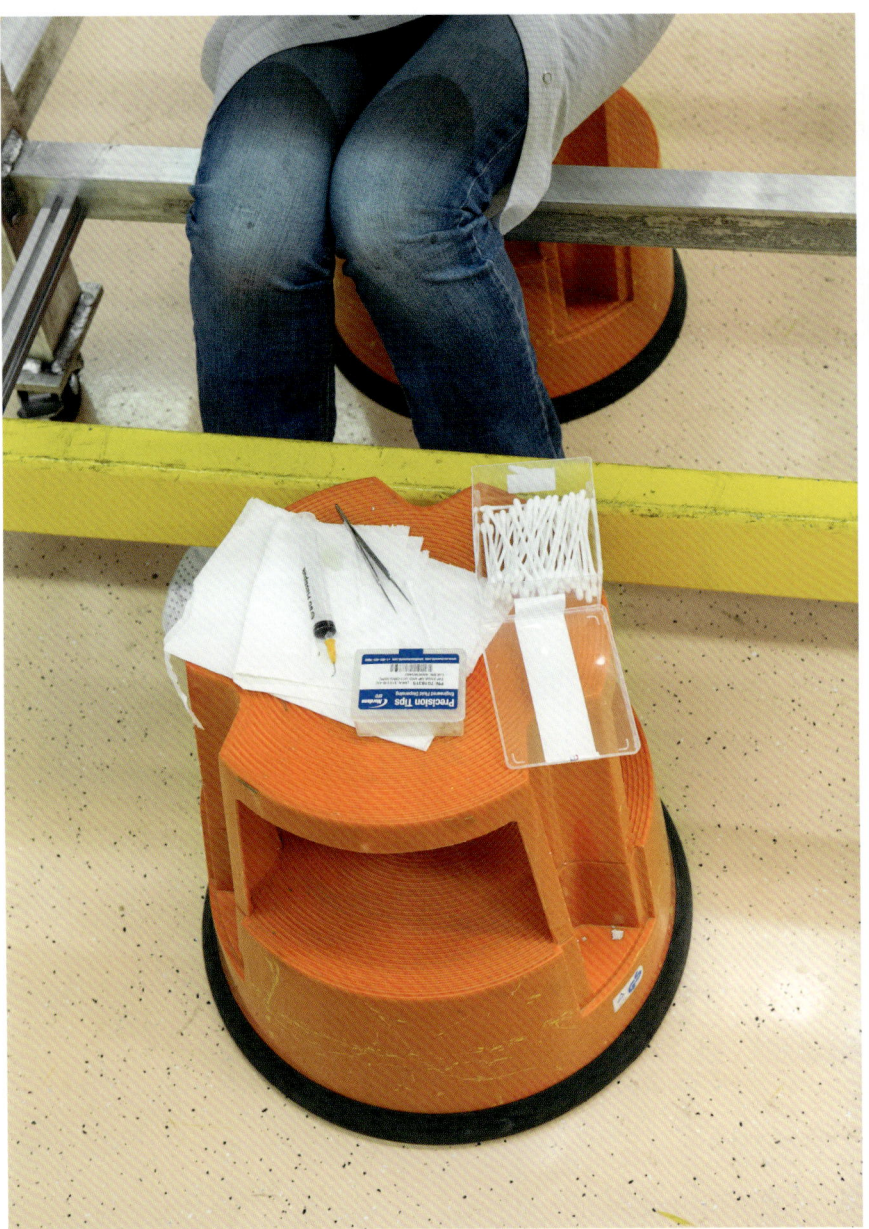

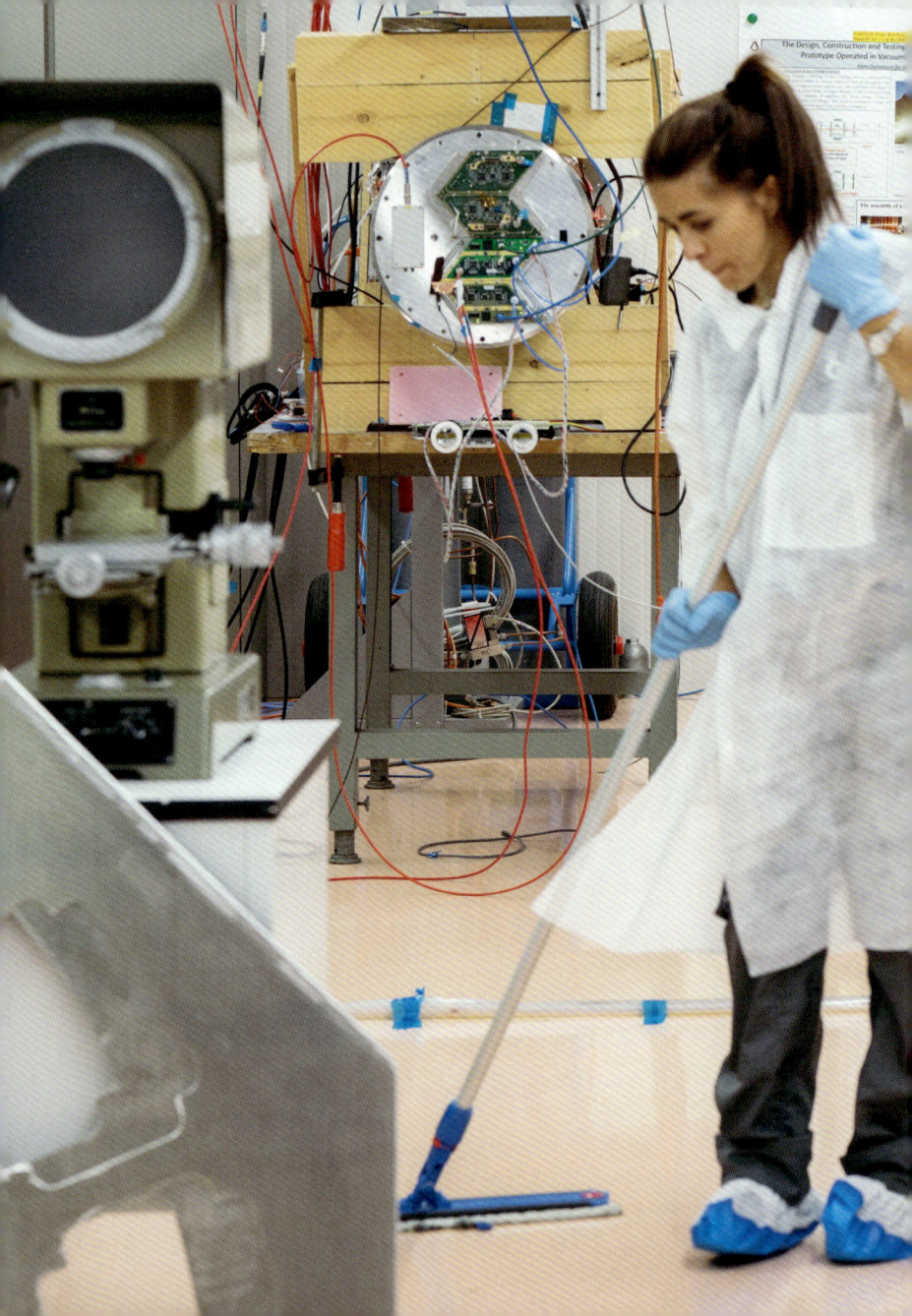

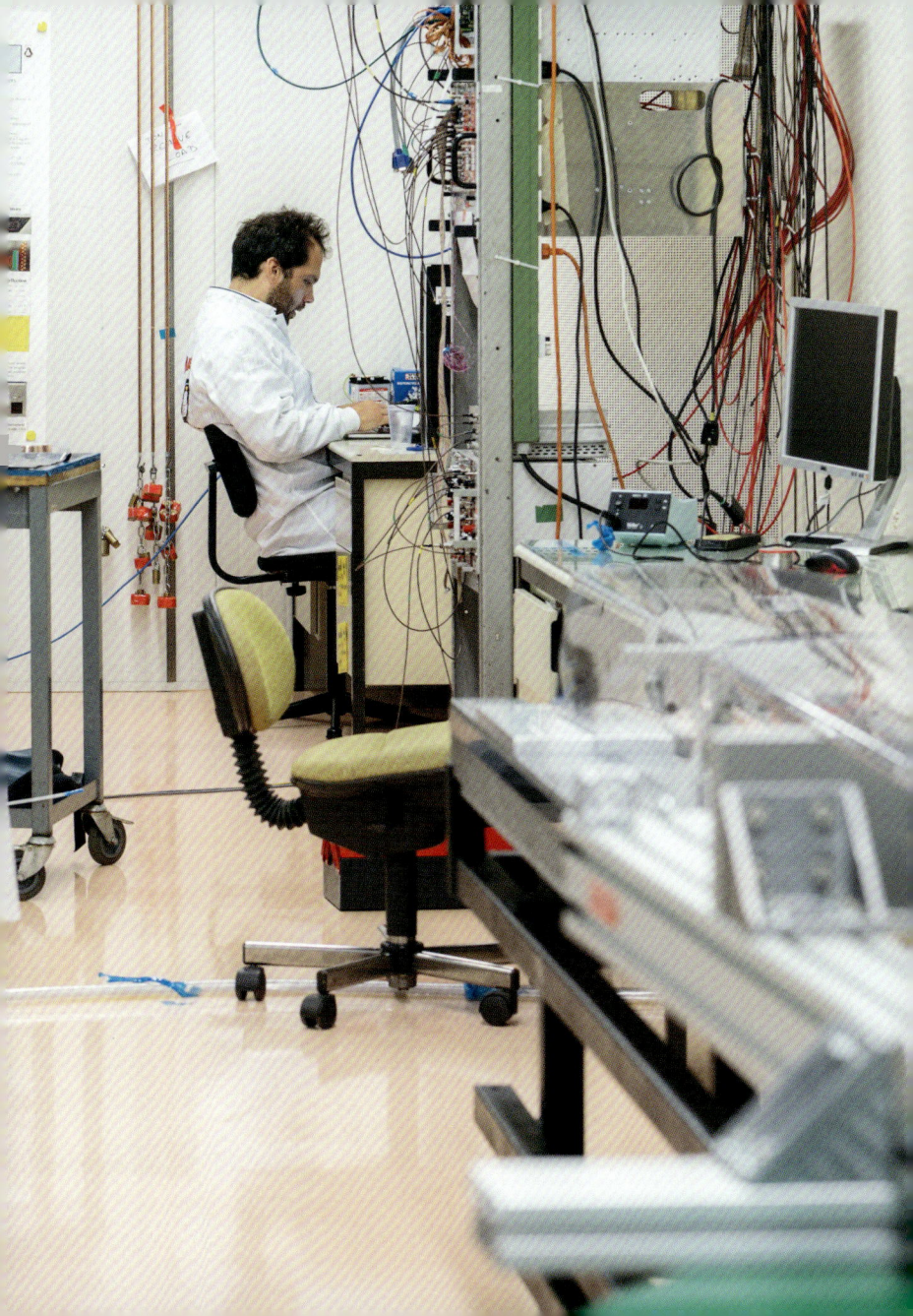

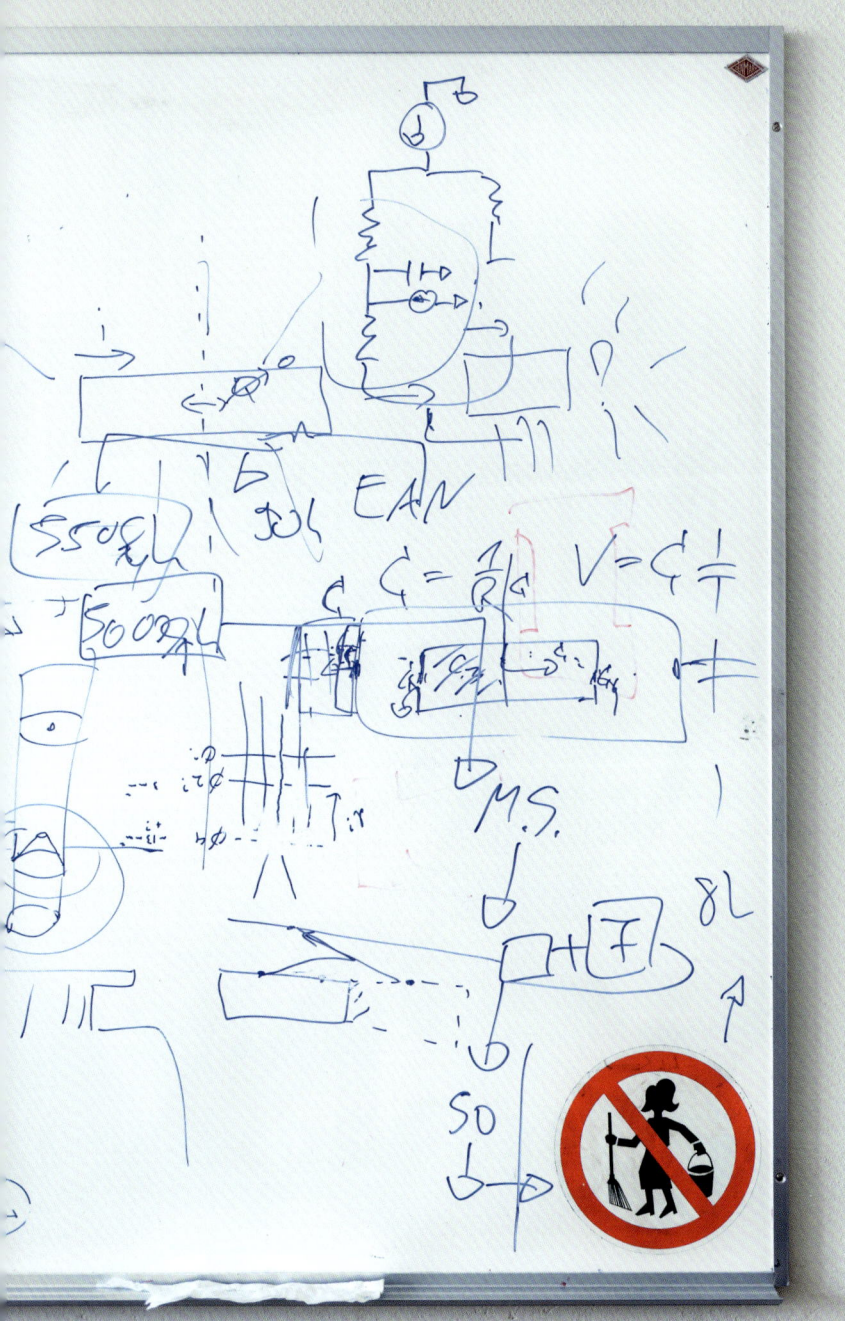

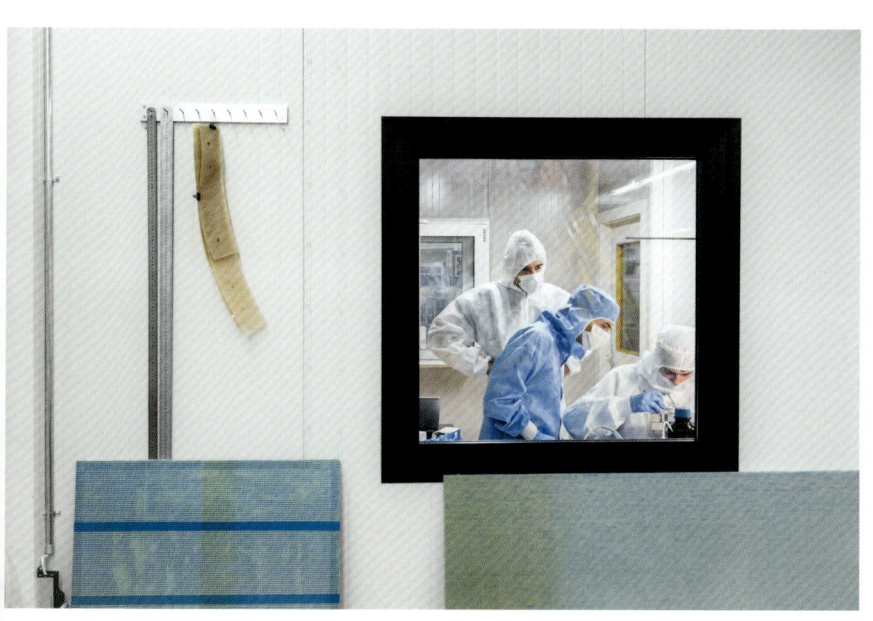

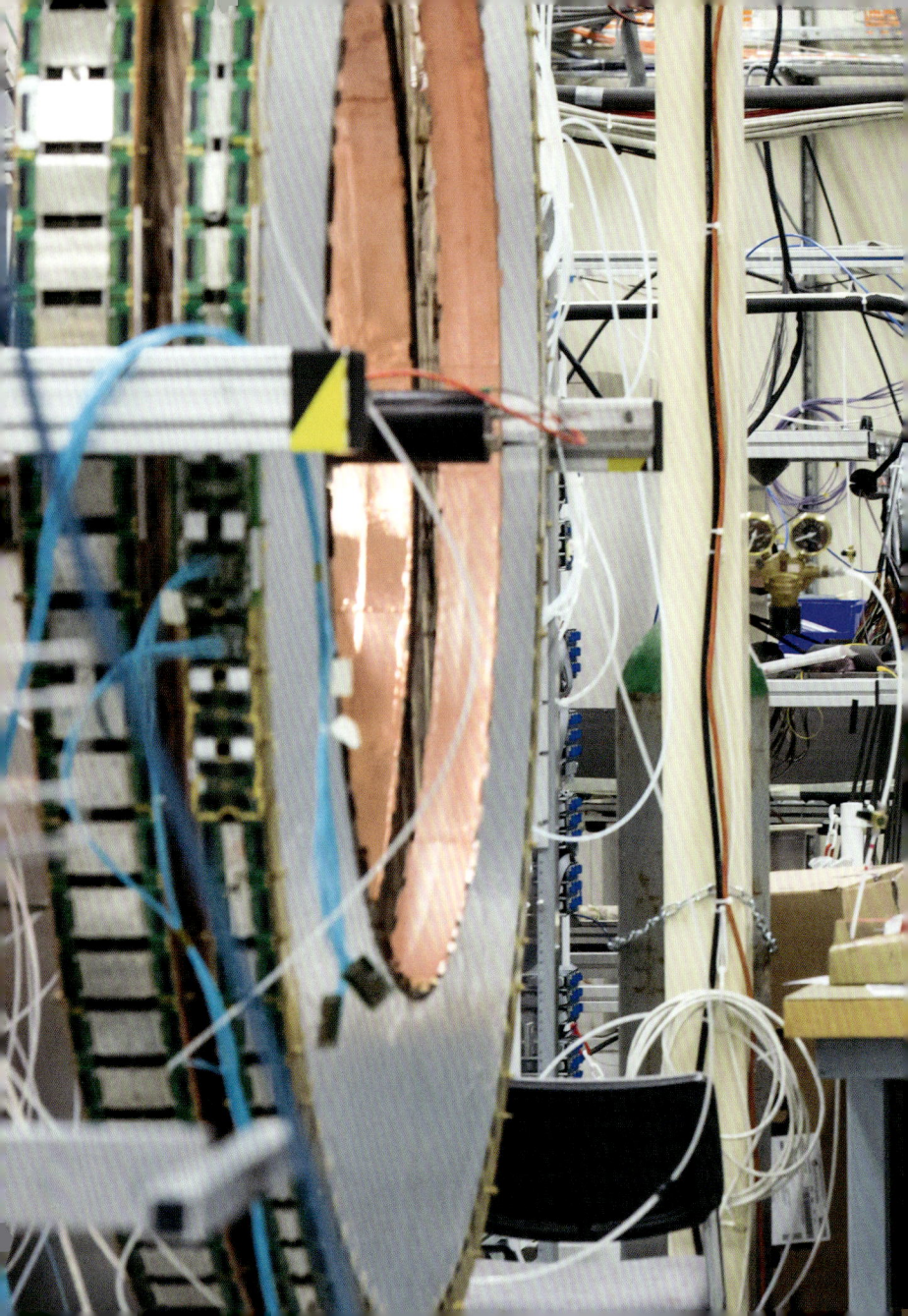

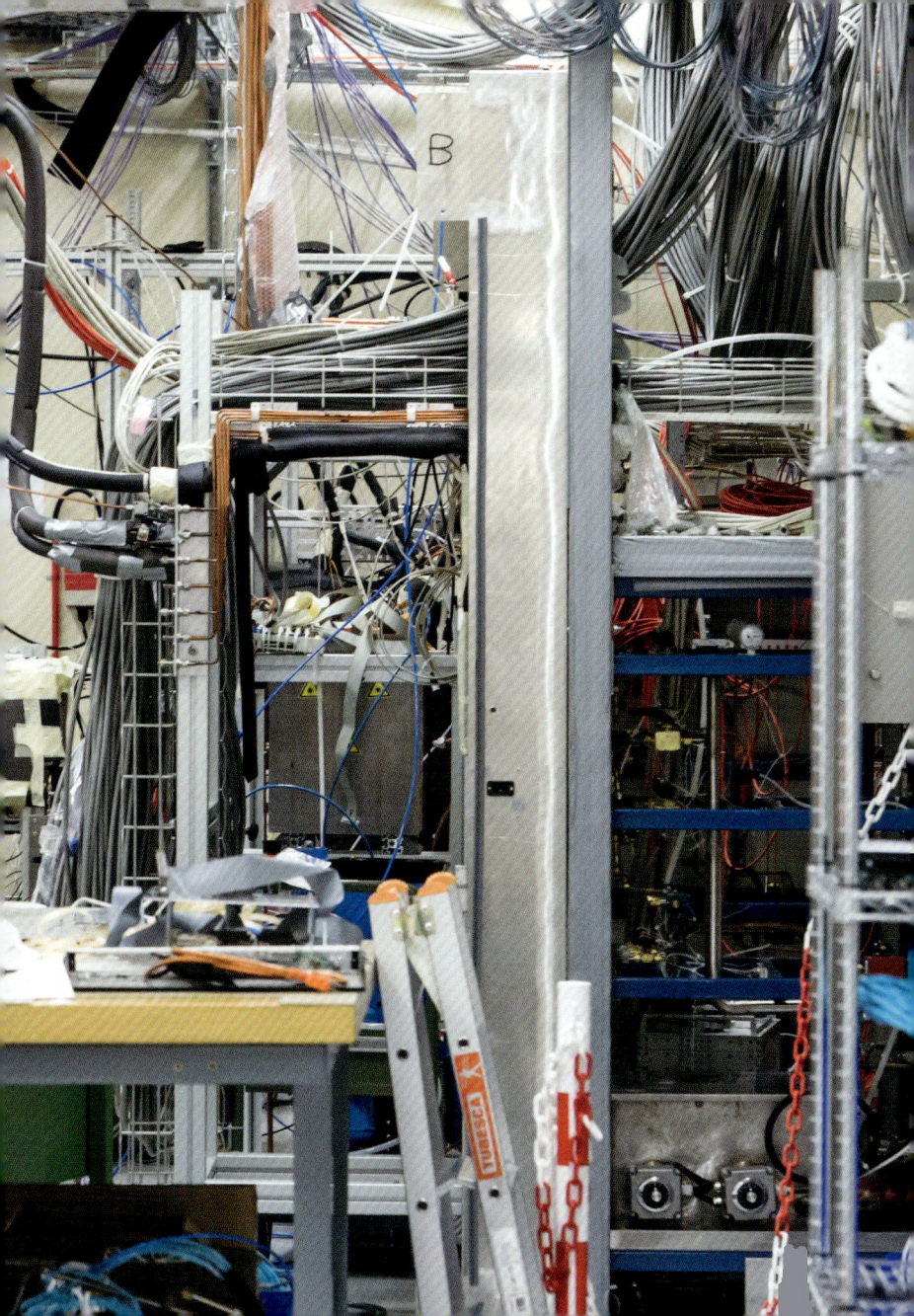

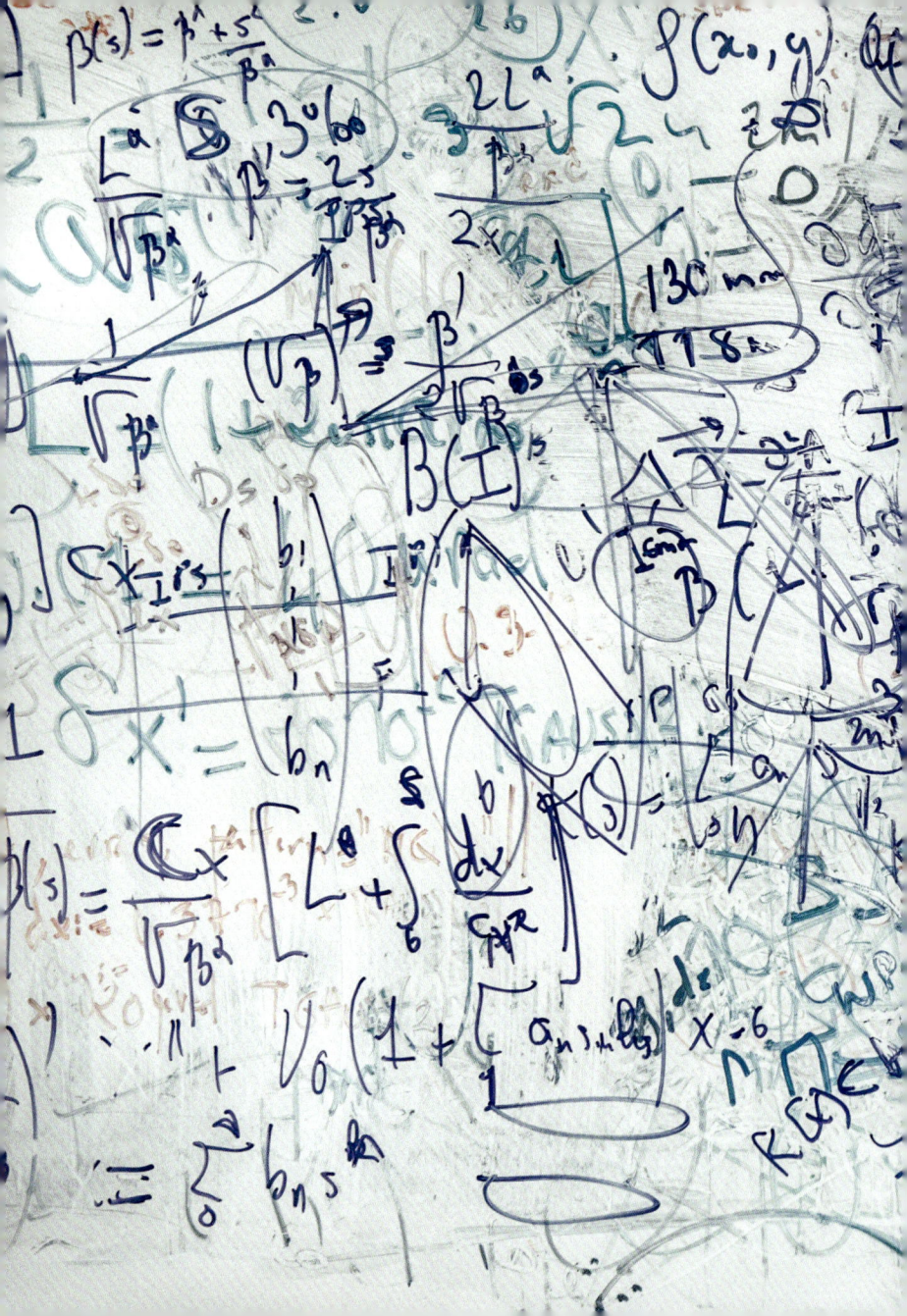

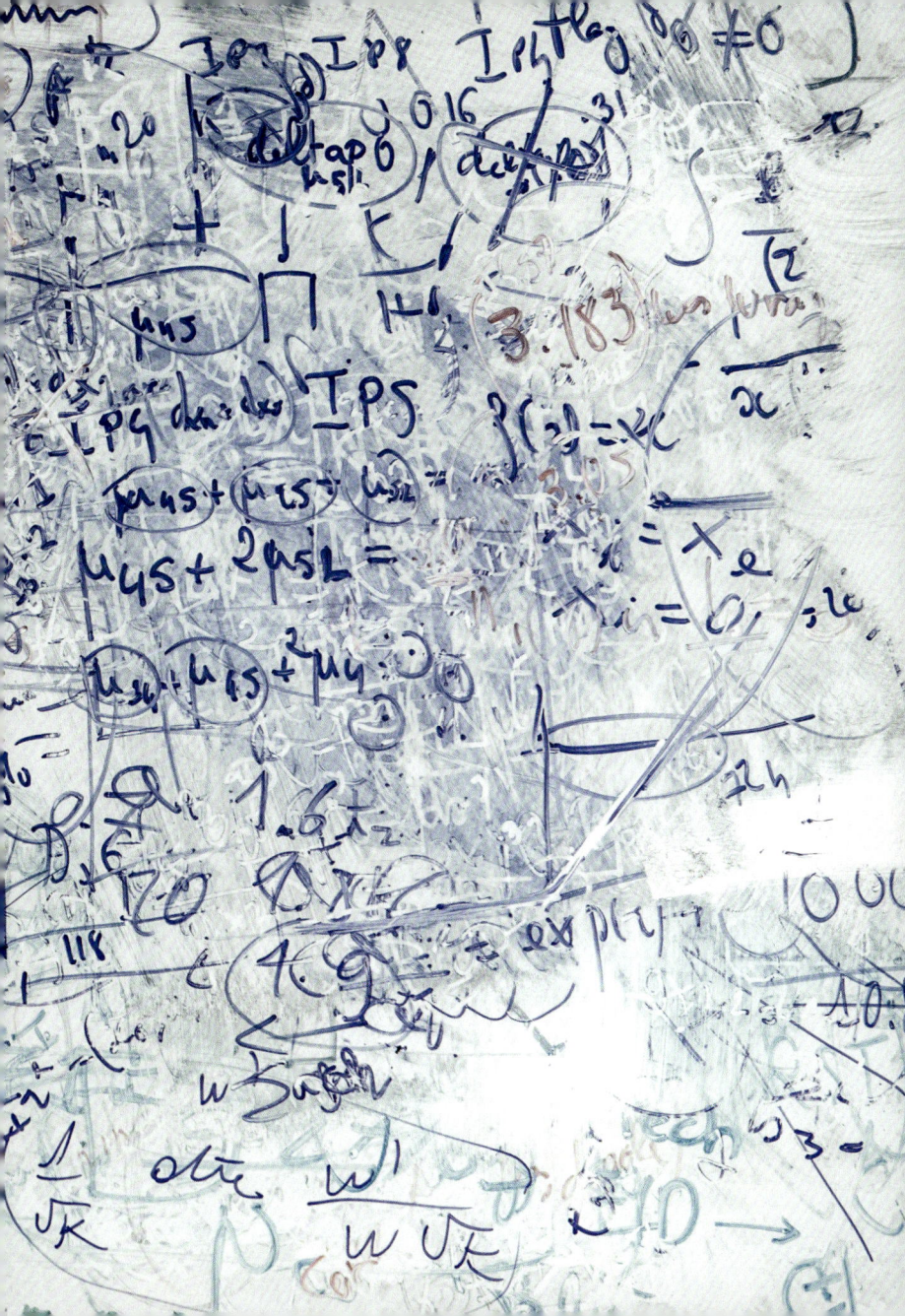

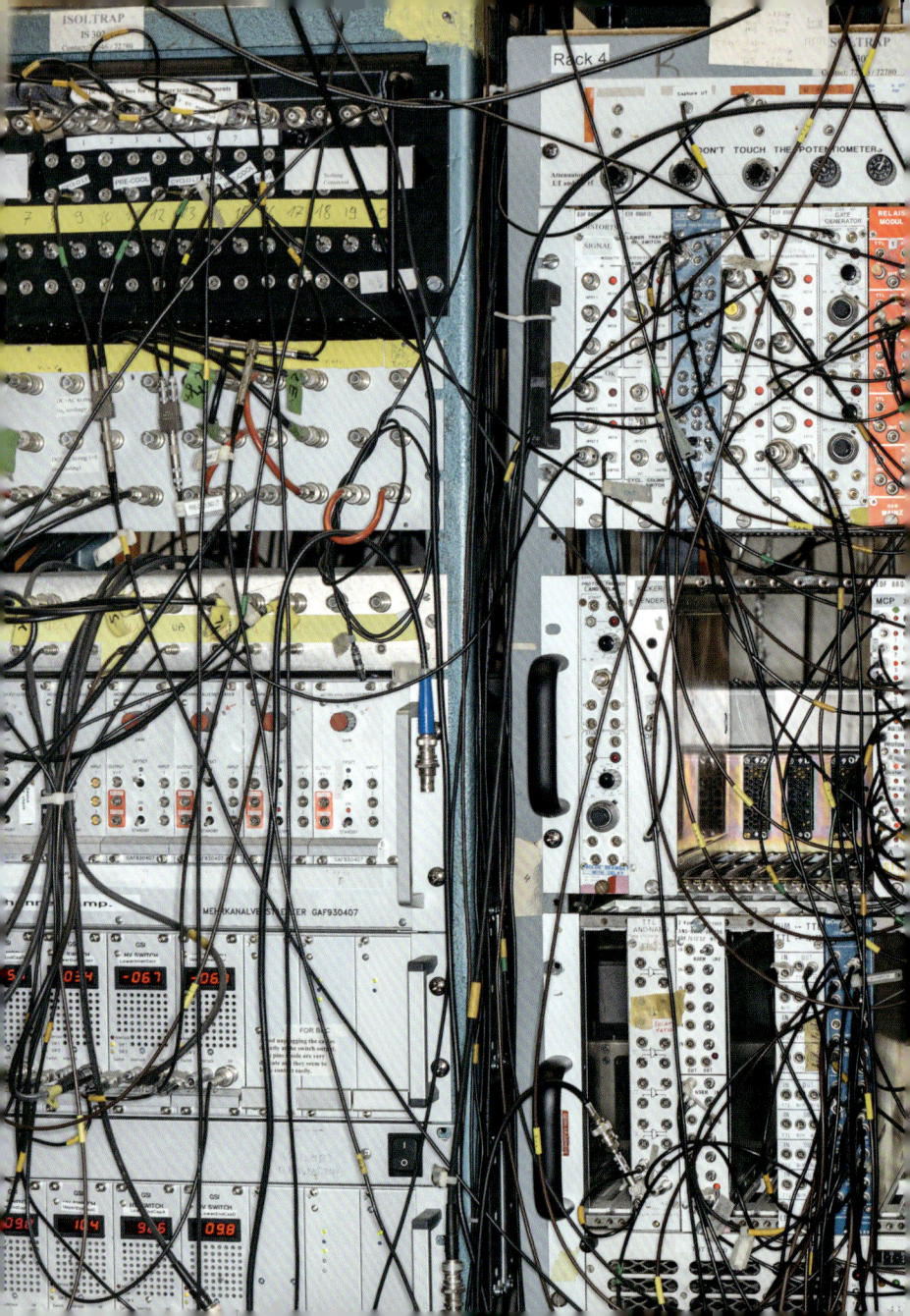

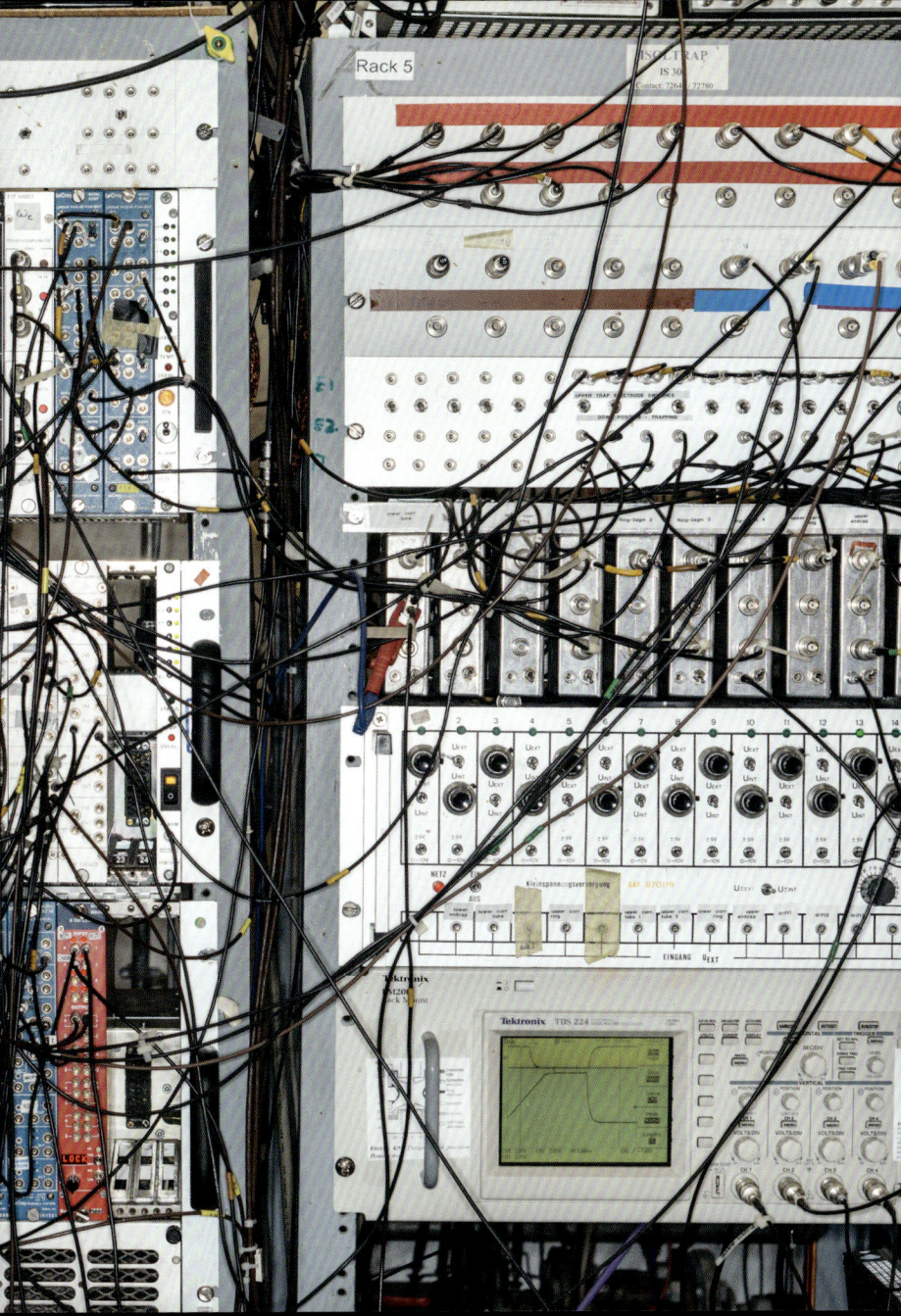

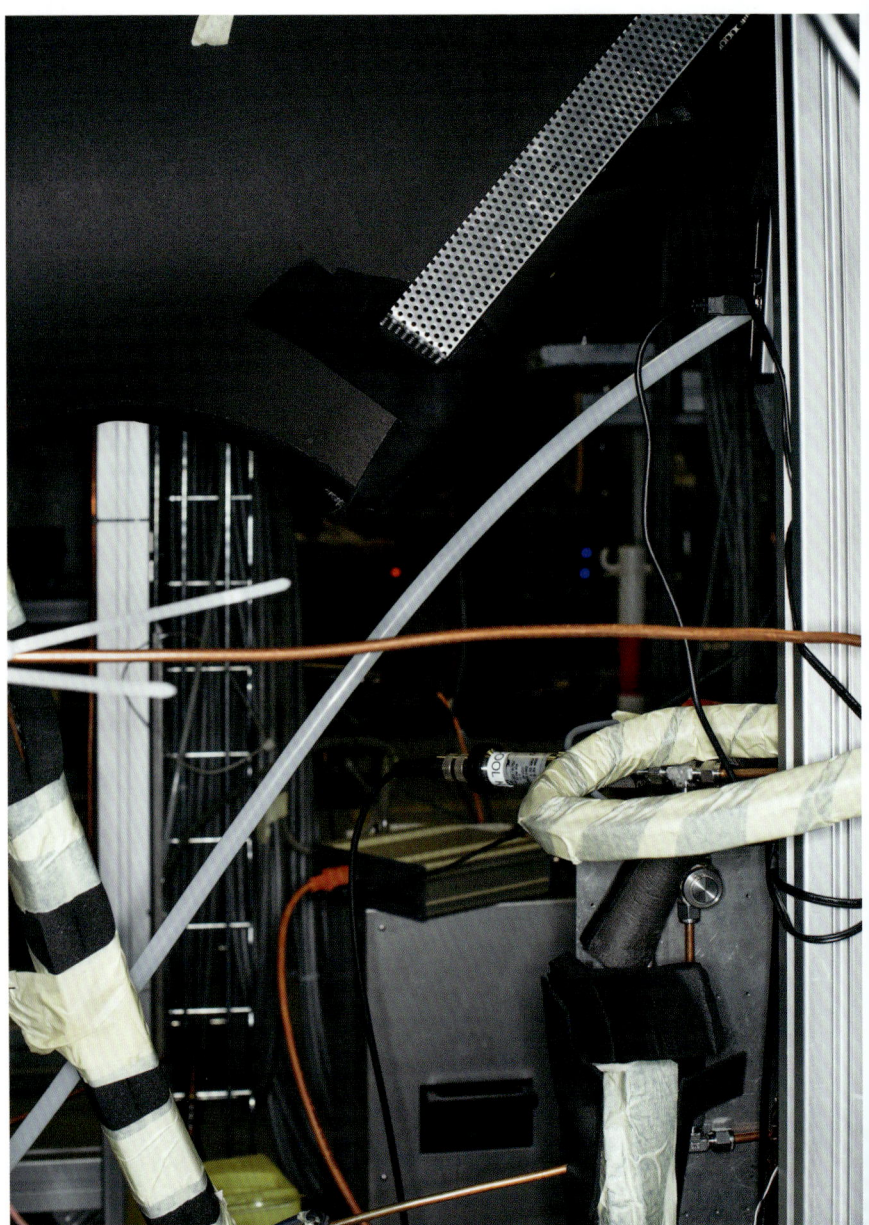

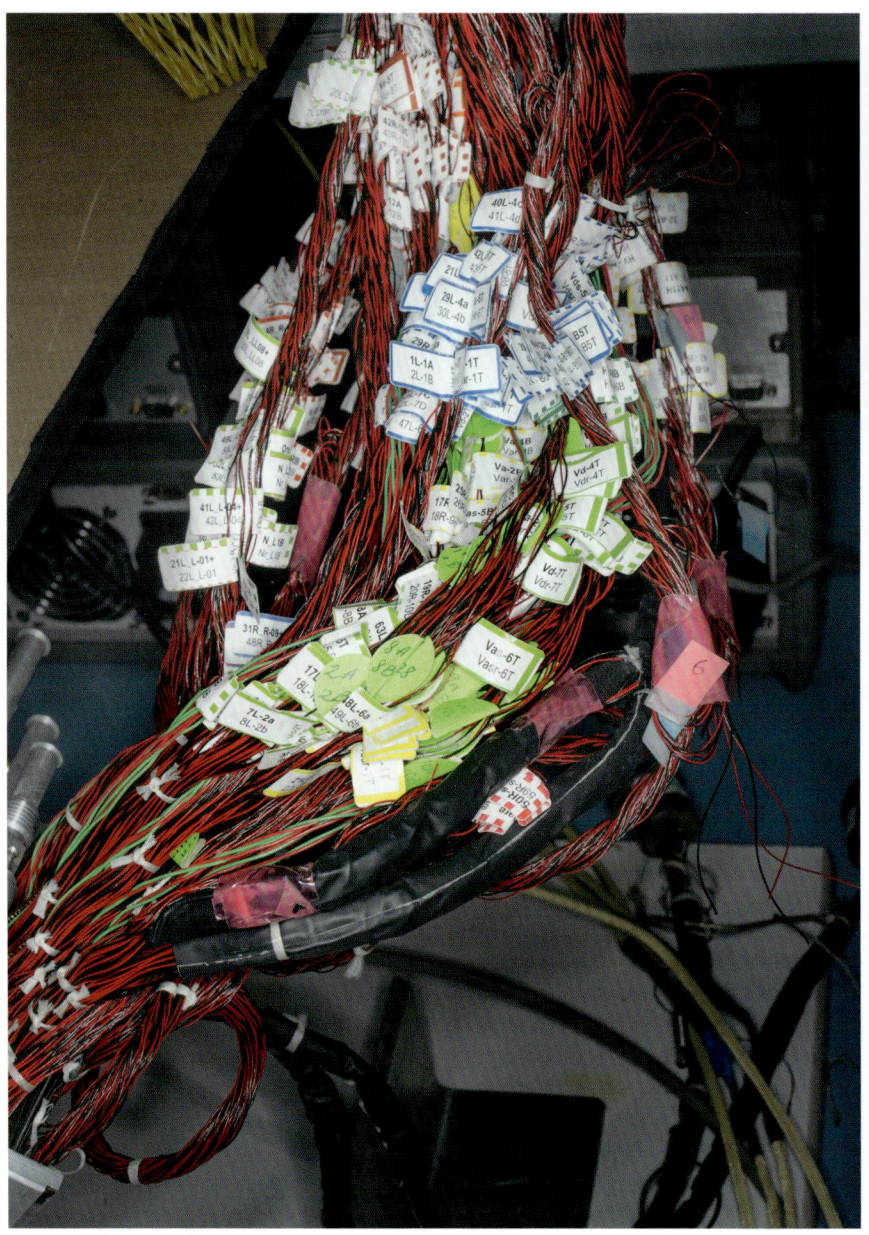

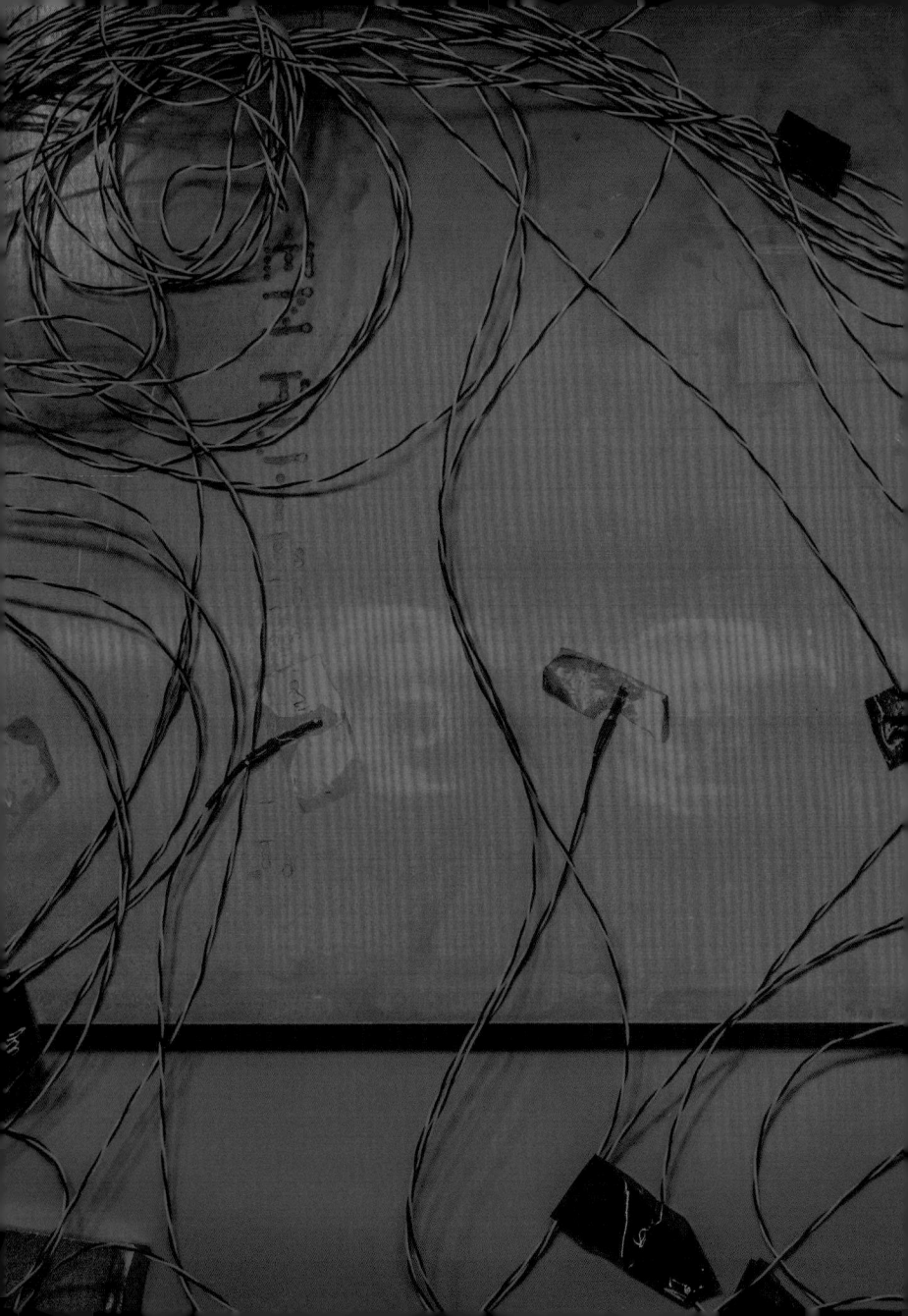

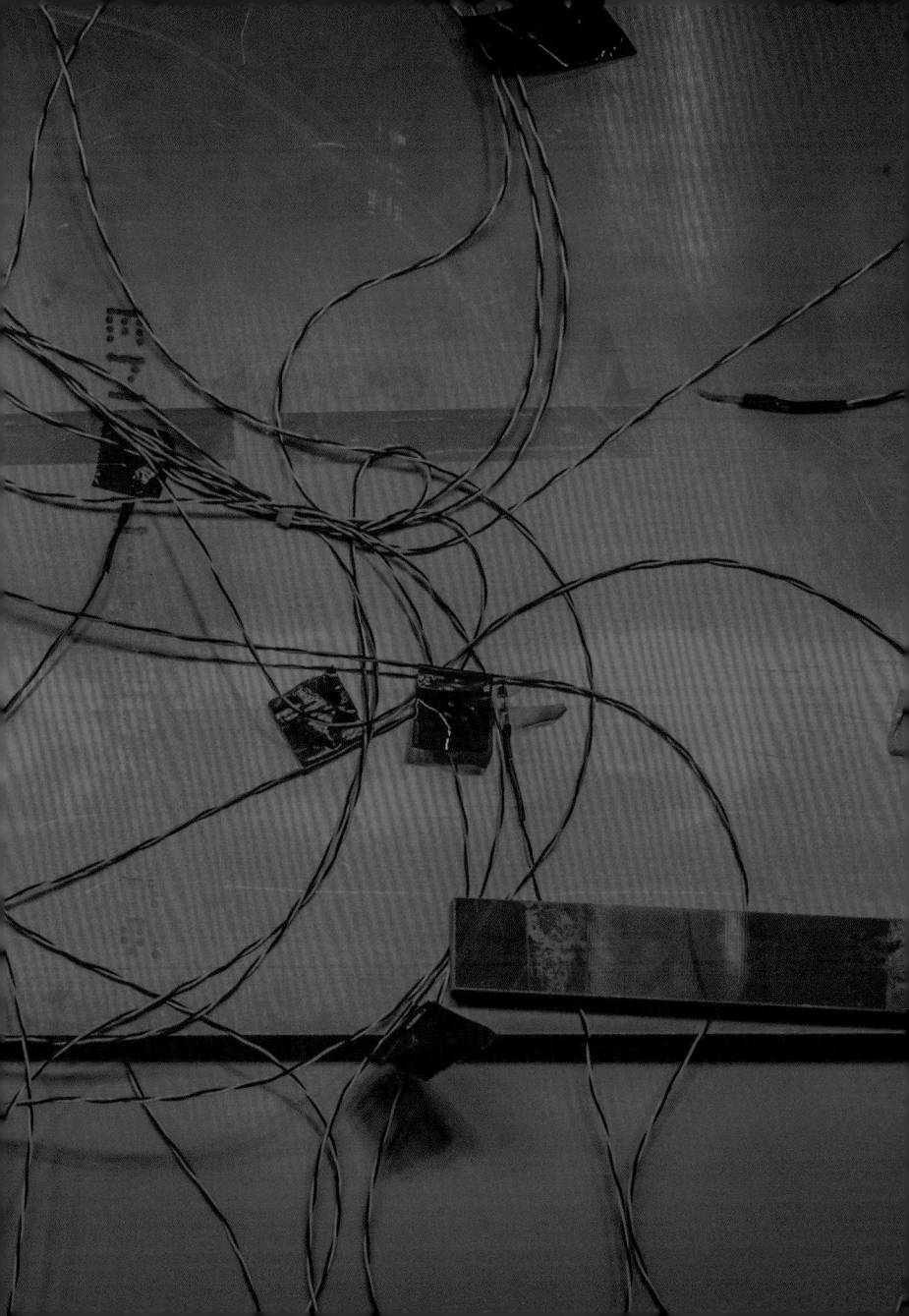

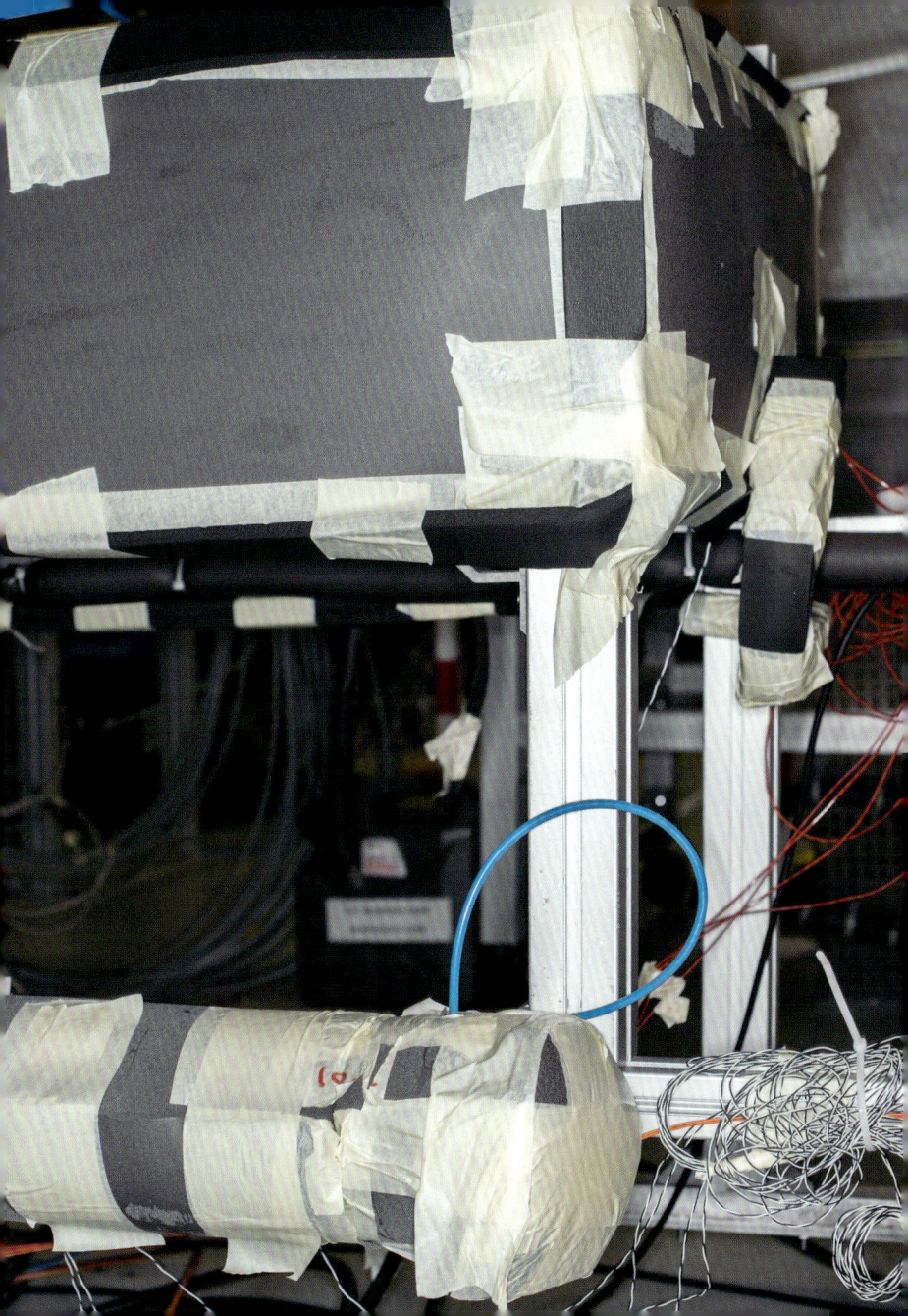

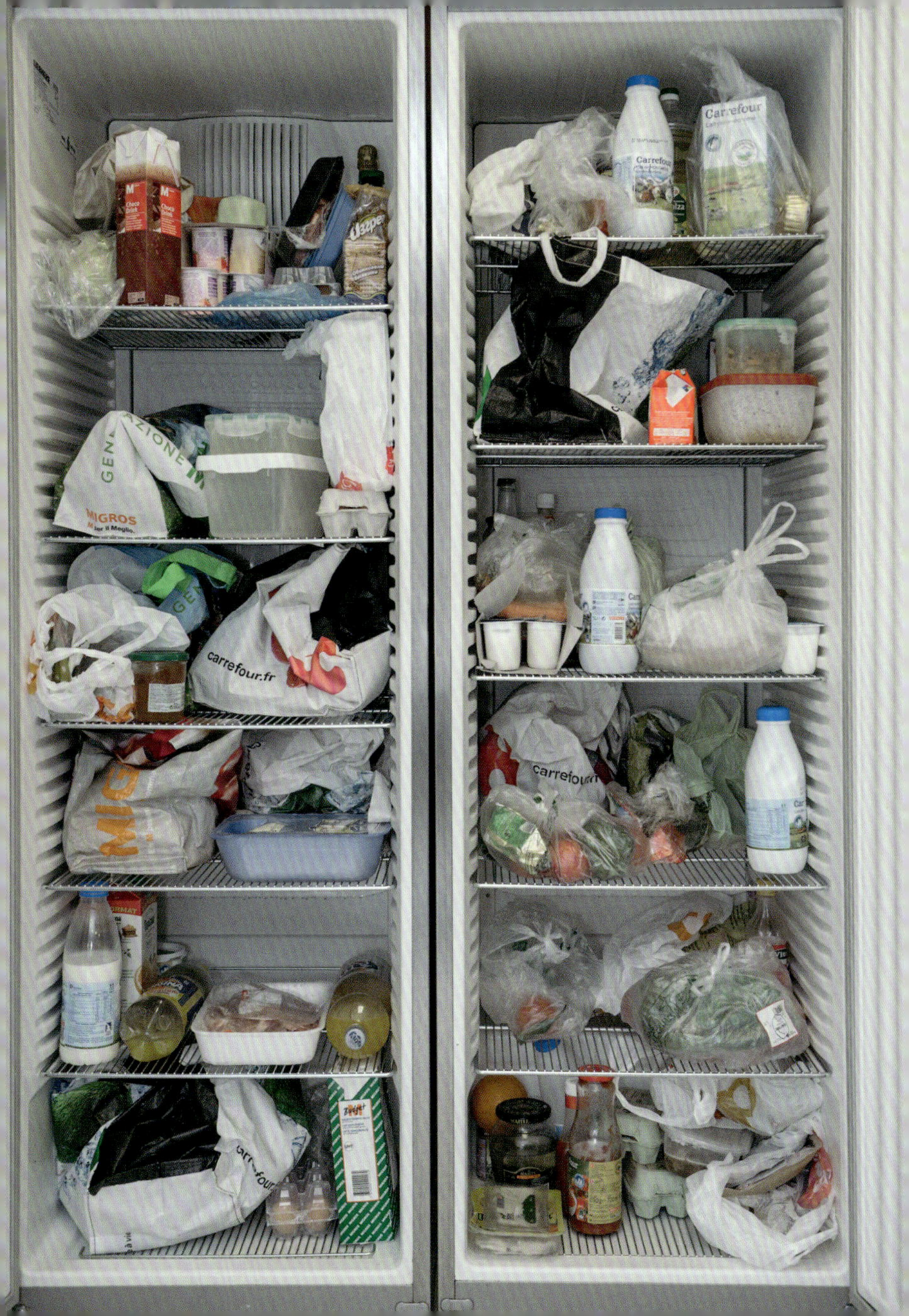
Carrefour
MIGROS
carrefour.fr
carrefour

candia
Biolait
Carrefour
Discount
Jus d'orange
Sinaasappelsap
1,5L
Fruit d'Or

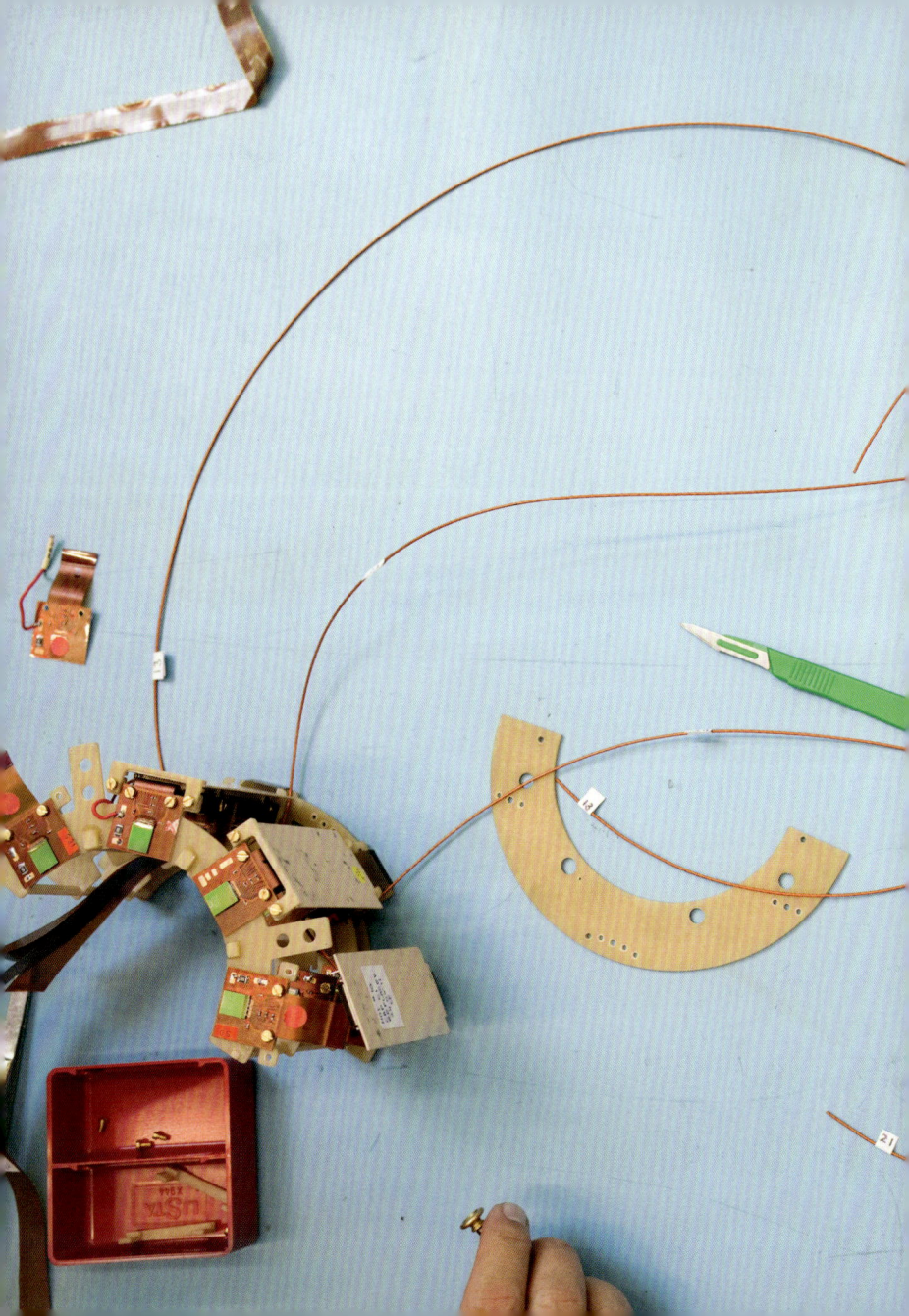

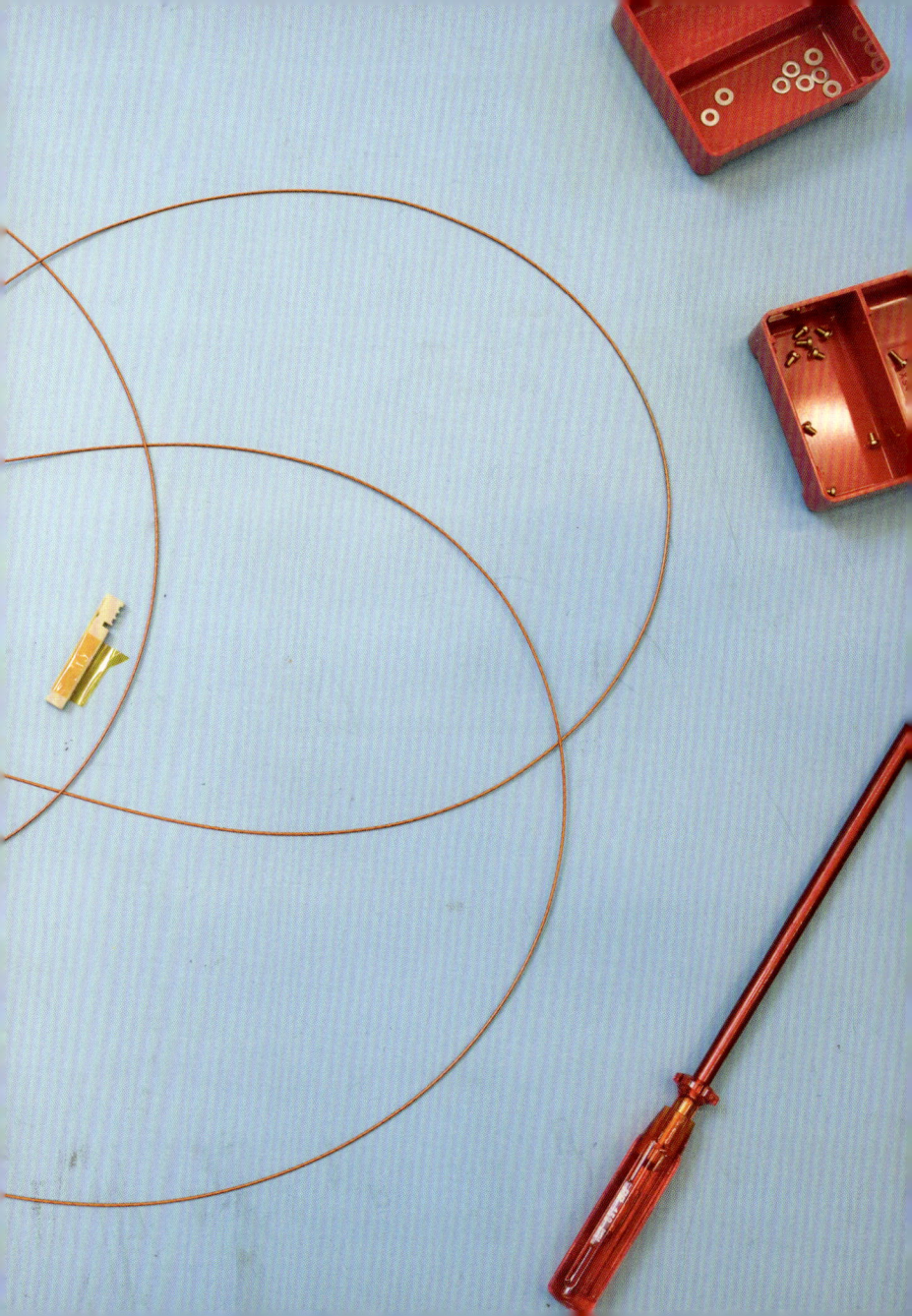

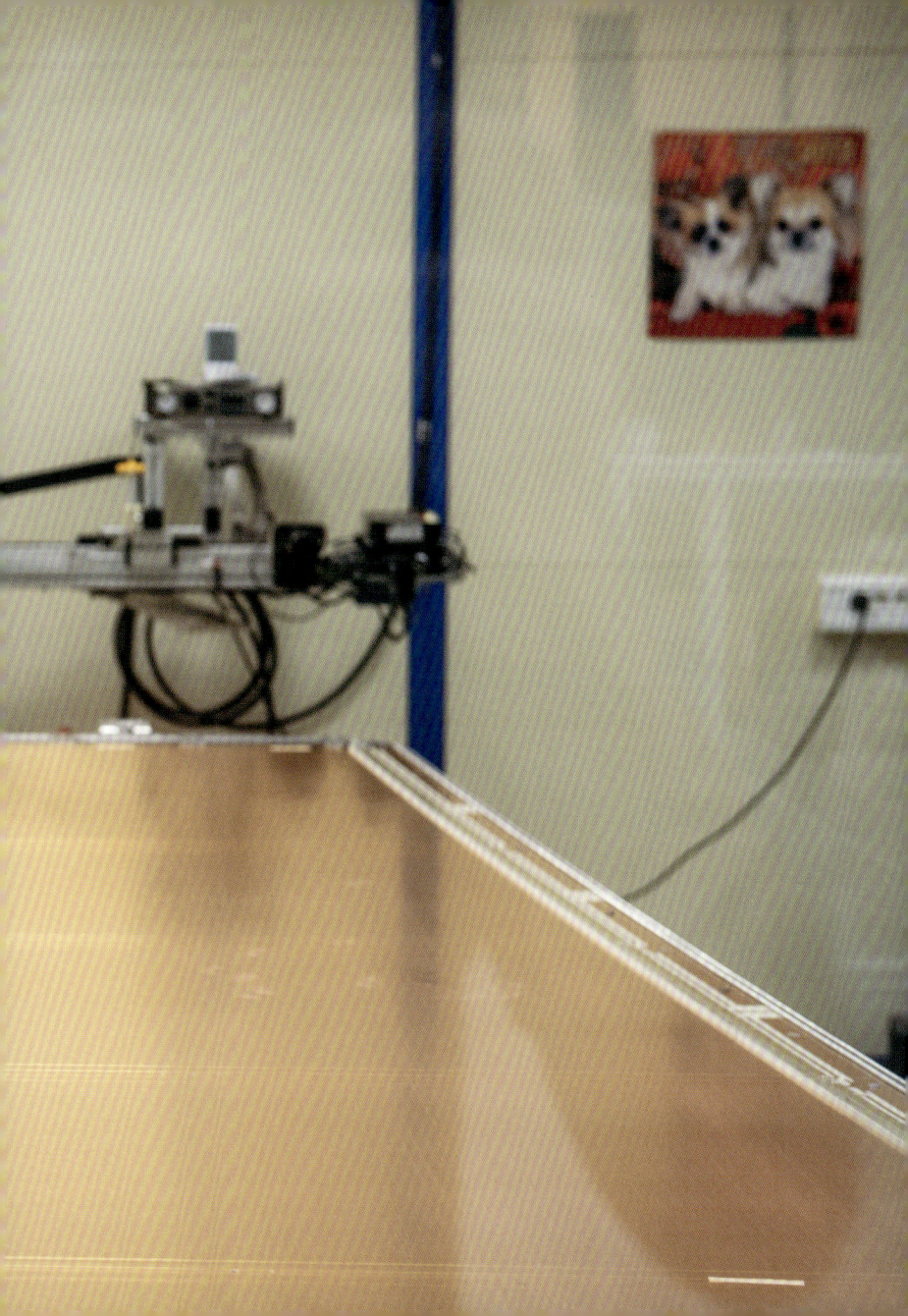

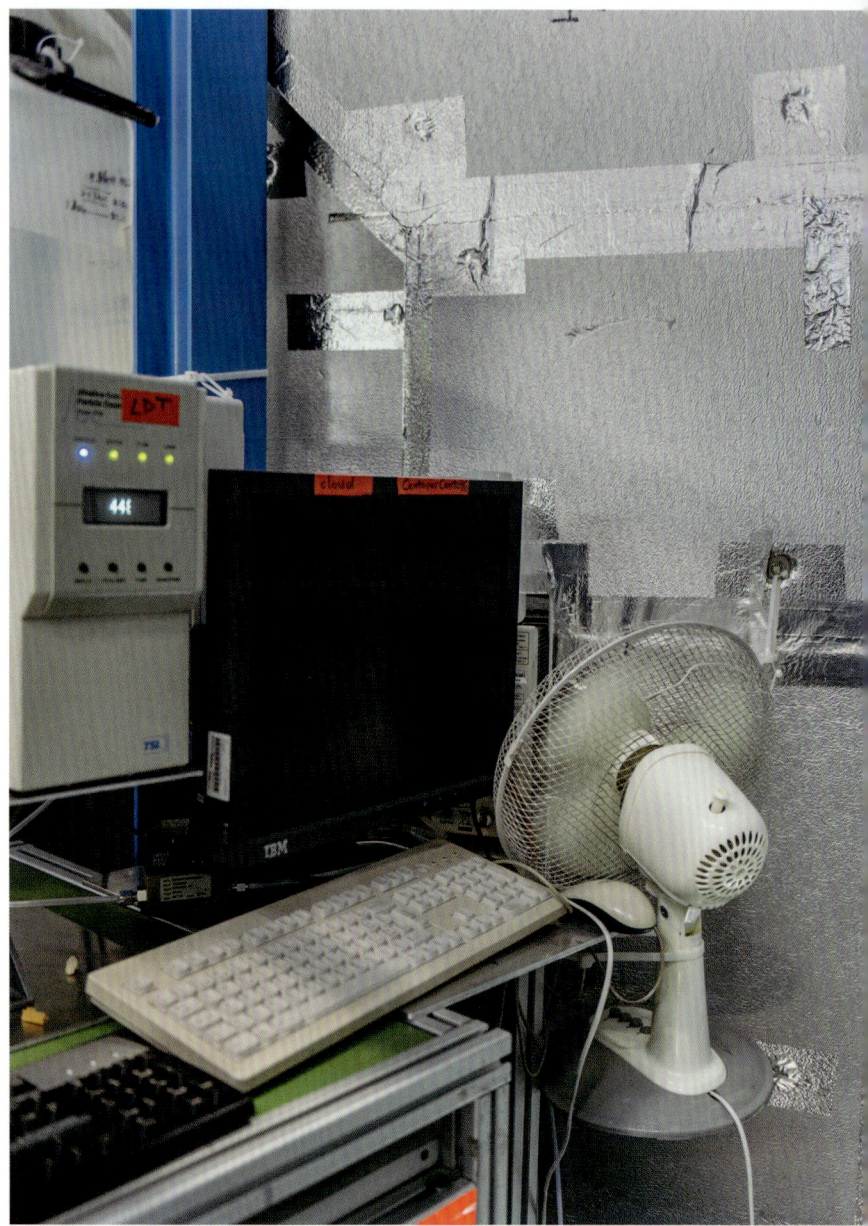

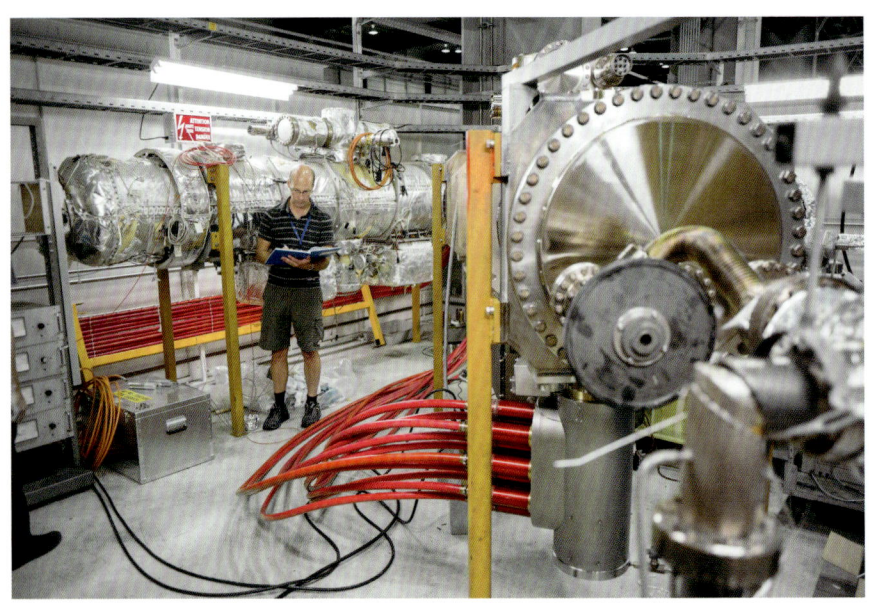

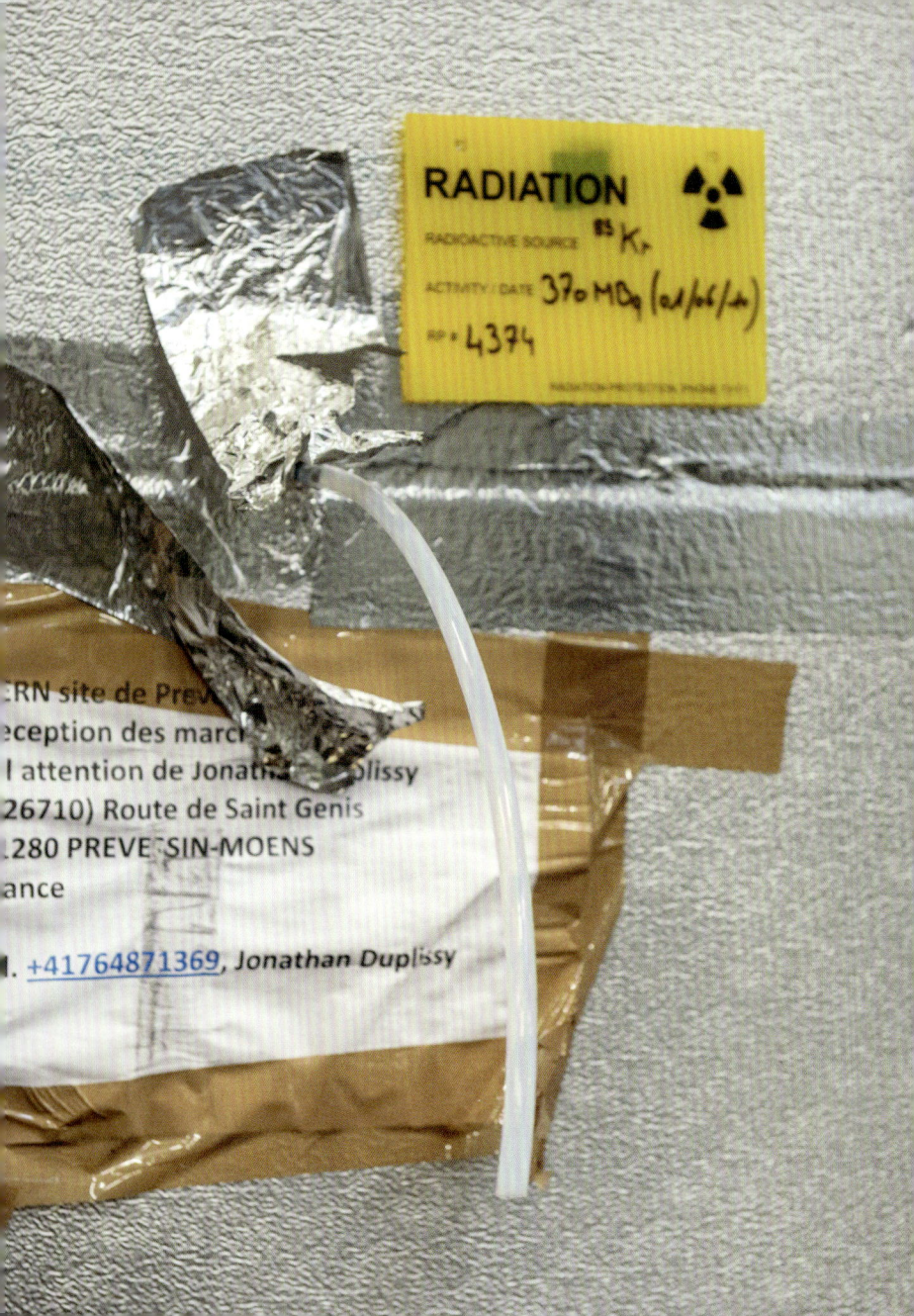

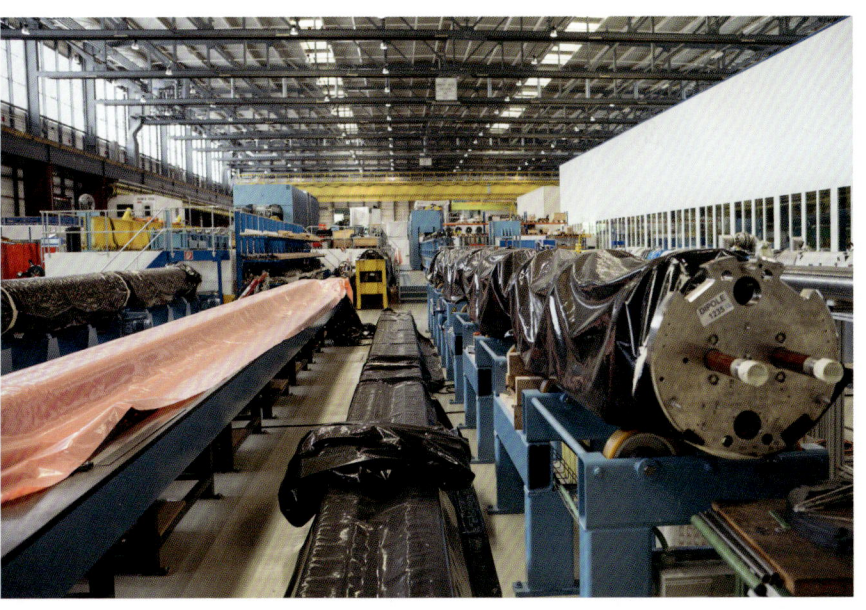

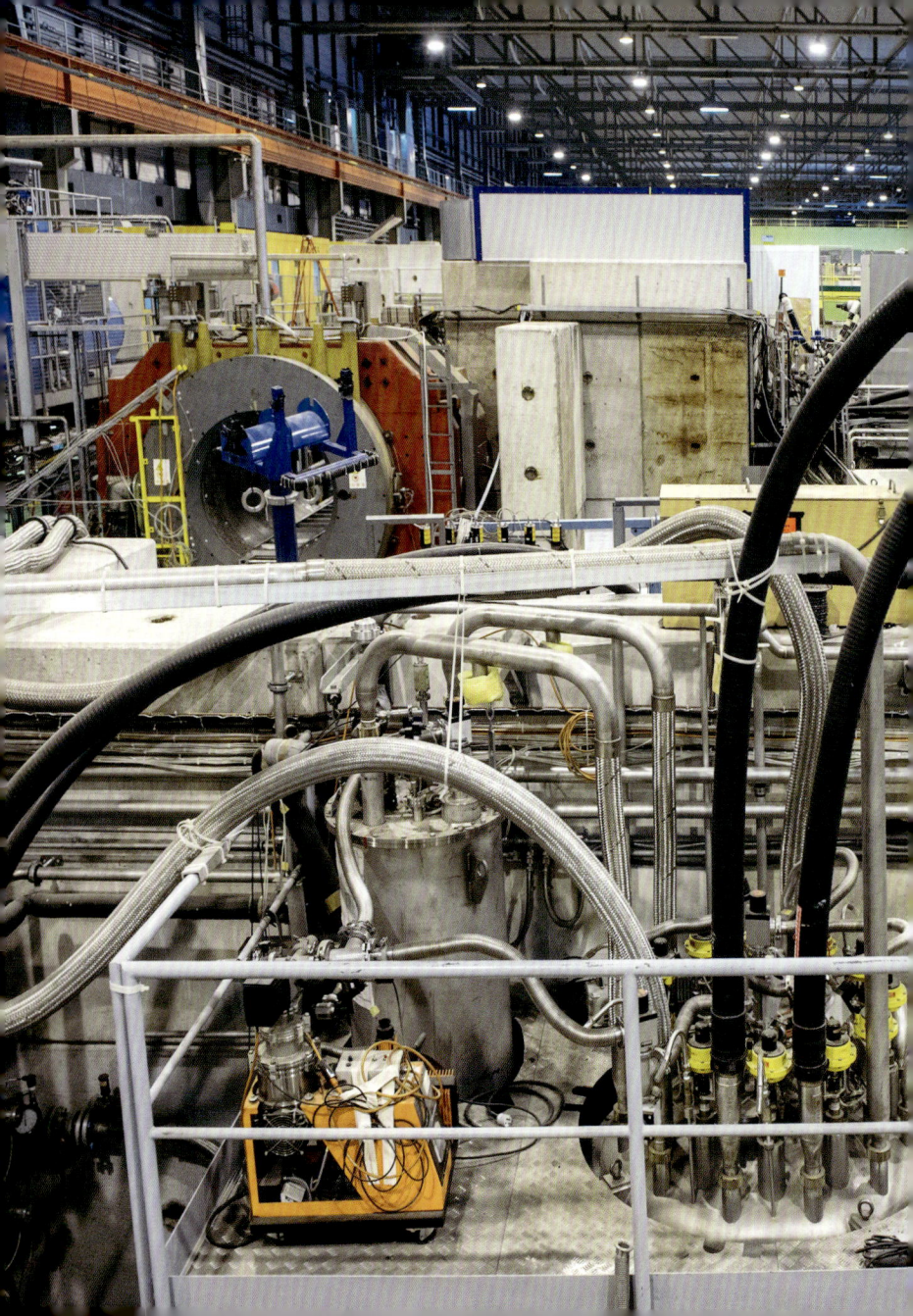

세른, 국경 없는 세계

롤프 호이어

때는 1949년이었고, 장소는 스위스 로잔이었다. 그때 유럽은 유럽통합주의자인 드니 드 루즈몽(Denis de Rougemont)이라는 개인으로 상징되는 조심스러운 희망과 낙관의 시기였다. 드 루즈몽은 문화가 전쟁으로 찢긴 유럽 대륙을 하나로 묶어 주는 하나의 방편이 되리라 여겼다. 1940년대 말쯤 그가 첫번째 유럽문화회의를 개최한 곳이 로잔이었고, 거기서 세른의 씨앗이 뿌려졌다.

사람들(특히 교수와 학생들)의 자유로운 이동과 문화적 교류, 그리고 합작 영화제작에 대한 요구들이 제시되는 가운데, 프랑스의 노벨상 수상자인 루이 드 브로이(Louis de Broglie)를 대신해 동포인 라울 도트리(Raoul Dautry)가 진행한 발표가 있었다. 드 브로이는 '(여러 참가국들이 힘을 합쳐) 개별 국가 상황으로는 감당하기 힘든 과학 연구를 수행하는 실험실 또는 연구소를 만들면, (국가별 시설보다 더 많은 자원을 부여받은 그런 실험실이) 규모와 비용 면에서의 이점을 활용해 개별 국가의 범위를 뛰어넘는 과제들을 해낼 수 있다'고 제안했다.

그 제안은 통찰력있는 소규모의 과학자들과 관리 집단으로부터 빠르게 추진력을 얻었고, 그 중에는 또

한 명의 노벨상 수상자인 미국인 물리학자 이시도르 라비(Isidor Rabi)가 있었다. 그는 1950년에 피렌체에서 열린 유네스코 총회에 '과학 분야의 국제적 협업을 늘리기 위해 지역 단위의 연구 실험실 구성을 권장하고 지원해야 한다'고 촉구하는 결의안을 제출했다. 과학은 인류가 발견의 임무를 추구하는 수단일 뿐만 아니라 평화를 위한 수단으로도 여겨졌다. 라비의 요청과 유네스코 내부에서의 추가적인 심사숙고에 따라, 1952년 2월 15일에 임시 기구인 유럽원자력연구이사회(Conseil Européen pour la Recherche Nucléaire)가 창설되었다. 그 기구의 프랑스어 약자가 세른(CERN)이었고, 국제 협정이 이뤄지고 비준을 받아 연구를 위한 새로운 정부간 조직이 탄생될 때까지 유네스코의 후원을 받게 돼 있었다.

임시 이사회를 설립하기로 한 회의 마지막에 유럽 십일 개국 대표가 서명한 공식 편지가 작성되어 뉴욕 주 콜롬비아 대학에 있는 라비의 주소로 발송되었다. "우리는 당신이 피렌체에서 잉태시킨 프로젝트의 공식적인 탄생을 알리는 합의문에 방금 서명했다." 편지에는 이렇게 적혀 있었다. "산모와 아기는 건강하다. 의사들의 축하 인사를 전하는 바이다."

이내 제네바가 유럽의 야심찬 새로운 과학적 모험의 장소로 선택되었다. 그 도시의 중립성과, 국제기구들을 환영해 온

역사와 새 이사회의 열한 개 창립 회원국들의 중앙에 위치한
지리적 이점에 기반해 선택된 것이었다. 큰 표차로 통과된
제네바 주민투표에 이어 프랑스 국경과 맞붙은 메랑 지역
외곽이 부지로 선정되었다. 실험실이 공사 중인 동안에
실험물리학자들은 제네바 대학의 물리학 연구소에서 환영을
받았고, 이론물리학자 그룹은 코펜하겐에 있는 닐스 보어
연구소에 임시 거처를 마련했으며, 행정팀은 지금은 제네바
공항의 경계 안에 있는 건물인 빌라 코앵트랑에 자리를
잡았다.

1952년과 1953년은 설립 문서들 중 제일 기분 좋게
간결하고 효과적인 세른 협약문을 기초하는 데 보냈다. 세른
협약문은 세른의 임무를 기술한 문서로 사실상 변화없이
지금까지 살아남았다. 협약문은 세른의 목적을 '유럽 국가들
간의 순수과학적이고 근본적인 성격의 원자력 연구와
기본적으로 그와 관련된 연구에서의 협업을 제공'하는 것으로
규정한다. 이 문장 안에 세른이 늘 마음 깊이 새기는 두 가지
주요 임무가 들어 있다. '국제 협업'과 '근본적인 연구'다.
이 연구소는 수십 년 동안 인류가 자연을 이해하는 데 크게
기여해 왔고, 국가와 문화 간에 평화로운 관계를 신장하기
위해 적극적으로 일했다. 협약문은 이 조직이 어떠한
형태의 군사적인 연구도 해서는 안 되며, 연구 결과를 직접
발표하거나 보편적으로 접근 가능하게 공개하도록 강제하는
데까지 나아갔다. 여기서 '혁신'과 '교육'이라는 두 가지 핵심

임무가 도출되었다. 월드 와이드 웹(WWW)이 자유롭고 열린 표준의 형태로 세른에서 태어난 것도 우연이 아니며, 세른의 교육과 대중 참여 프로그램들이 기초 강좌에서부터 전문가 학교까지 모든 과정을 다루는 것 또한 우연이 아니다.

1953년 7월쯤 되자 협약문이 준비되어 원래의 열한 국가에 영국이 합류하여 열두 국가가 된 임시 기구의 회원국에 제출되었다. 다음 해를 거치며 협약문은 각국의 의회를 거쳤고 1954년 9월 29일에 비준되었다. 협약문에 서명하면서 열두 개 회원국인 벨기에와 덴마크, 프랑스, 독일, 그리스, 이탈리아, 네덜란드, 노르웨이, 스웨덴, 스위스, 영국, 유고슬라비아는 장기적으로 기초 연구를 수행하기 위한 튼튼한 모델을 구축했고, 이 모델은 오랜 시간을 거치며 지속적으로 성과를 낸다. 임시 이사회는 해체되어 유럽입자물리연구소(European Organization for Nuclear Research)에 자리를 내주었지만, '세른(CERN)'이라는 약어는 그대로 남았다.

세른이 예순 살 생일을 앞둔 지금(이 글은 2014년 초에 씌어졌다—옮긴이)이야말로 1949년부터 1954년까지의 짧은 몇 년 사이에 어떤 성취가 있었는지 돌아볼 적기다. 세른을 만든 그 공상가들은 과학 분야에서 완전히 새로운 협업 방식을 구축하는 것이나 다름없는 성취를 이뤘다. 그 성취는 국경을 뛰어넘어 장기적인 기초 연구를 수행할 수 있는 가장 많이 시도되고 시험된 방식으로 오늘날까지 남아 있다. 그들은 국제 관계를 위한 중요한 정치적 틀을 구축했고, 혁신을 위한 수단을 제공했다. 세른 모델은 회원국들 간의 공감대 위에 세워졌고, 스스로가 각국의 정치적 순환주기보다 훨씬 긴 연구 프로젝트들을 떠받치기에 충분할 만큼 튼튼하다는 사실을 증명해 왔다. 예를 들어, 거대강입자충돌기(LHC)는 1980년대에 초안이 그려졌고, 1990년대에 승인되었으며, 2008년에 가동에 들어갔고, 이십 년 이상 계속해서 가동될 것이다.

해가 거듭되면서 세른 회원국은 스무 개로 늘어났고, 준회원국들과 전 세계 국가들과의 협업 협정도 늘어나고 있다. 도움이 될 기본적인 인프라를 보유하고만 있다면, 세른은 아직 참여하지 않은 국가들과의 협업도 적극적으로 추진한다. 이런 방식으로 이 연구소는 냉전 시대에도 줄곧 철의 장막 뒤에 있는 과학자들과 같이 일했고, 과학 분야에서의 동독과 서독의 화해에도 일정한 역할을 했다. 오늘날, 세른에서는 파키스탄인 과학자들이 인도 동료들과 나란히 일을 하고, 이스라엘인 과학자들이 아랍인 과학자들과 같이 일한다. 혁신의 측면에서 보자면, 월드 와이드 웹은 빙산의 일각에 지나지 않는다. 의학에서부터 교육 부문까지, 그리고 초고진공(超高眞空, ultra-high vacuum) 기술에서부터 정보통신 기술까지, 다양한 삶의 현장에서 세른이 영감을 준 기술을 찾아볼 수 있다.

세른 모델은 유럽에서 여러 차례 모방되어 지금 이 대륙에는 분자생물학과 천문학을 비롯한 다양한 분야의 국가간 연구 조직들이 여덟 개나 있다. 모두가 세계적 수준이다.

'세계적 수준'은 세른의 역사를 짜 온 수많은 실 중의 한 가닥이다. 전 세계 입자물리학자의 대다수라 할 수 있는 만천 명이 넘은 입자물리학자들이 세른에 참여하여 그 독창적이고도 강력한 입자가속기들을 이용해 저마다의 연구를 수행했다. 세른의 입자가속기들 중 주력이라 할 수 있는 거대강입자충돌기는 수십 년에 걸친 설계와 제작 끝에 정상적으로 가동되고 있으며, 제일 큰 두 검출기인 아틀라스(ATLAS, A Toroidal LHC Apparatus)와 시엠에스(CMS)와의 실험 협업을 통해 2012년 7월에 힉스 입자(Higgs particle)를 발견하면서 이미 과학의 역사를 새로 썼다. 과학계는 2015년부터 시작하여 거대강입자충돌기가 이전보다 더 강력한 에너지를 내도록 입자들을 가속할 수 있게 되면 더 많은 발견이 가능하리라 확신하고 있다.

검출기라고 불리는 세계 최고의 첨단 입자 카메라를 설계하고 제작하고 운용하기 위해서는 세상에서 가장 명석하고 가장 협조적인 인재들이 수천 명 단위의 팀이 되어 함께 일해야 한다. 거대강입자충돌기에는 각각 알리스(ALICE, A Large Ion Collider Experiment),

아틀라스(ATLAS), 시엠에스(CMS), 엘에이치시비(LHCb, Large Hadron Collider beauty)라 불리는 네 개의 주요 검출기가 있다. 가장 큰 아틀라스는 길이가 사십육 미터, 높이가 이십오 미터에 이르고, 가장 작은 엘에이치시비만 해도 길이가 이십일 미터, 높이가 십 미터다. 가장 무거운 시엠에스는 무게가 만이천오백 톤이다.

하지만 이곳에서 최고인 건 규모가 아니다. 정말로 중요한 건 거대강입자충돌기 내부에서 일어나는 양성자 충돌을 가능한 한 고도로 정밀하게 기록할 때 일어나는 모든 상황들을 한치의 오차없이 제어하는, 동심원을 이루는 거대한 검출기의 수많은 층마다 숨겨진 기술이다. 각각의 층에는 저마다의 역할이 있다. 입자의 경로를 추적하고, 입자가 다른 입자로 붕괴된 지점을 특정하고, 그 운동량과 에너지와 전하를 측정하여 충돌시에 정확하게 어떤 일이 일어났는지 추론해내는 데 필요한 모든 정보를 물리학자들에게 제공한다. 전 세계 연구소들과 기업들이 힘을 합쳐 설계하고 조립했으며, 물리학자들의 국제적 공조를 통해 시험되고 가동되는 이 검출기들은 초고속 반응 시간과 초당 수억 번의 충돌 정보를 처리할 수 있는 능력을 보유한, 탐지와 측정 분야의 최신 기술을 대표한다. 그리고 모든 것이 어찌나 잘 맞아 돌아가고 완벽하게 작동하는지, 힉스 입자 발견 프로젝트는 많은 사람들의 예상보다 훨씬 빨리 끝났다.

힉스 입자의 발견으로 물리학자들은 수십 년간 자문해 오던 '왜 입자들이 질량을 가지는가?'라는 질문의 답을 얻었다. 질량이 없으면 입자들이 원자나 책이나 인간과 같은 복잡한 물체를 형성할 수 없기 때문에 이 질문은 중요하다. 1960년대 초에 몇몇 과학자들이 우주에 널리 퍼진 장(場, field)이 하나 있다는 논문들을 발표했다. 입자들은 이 장과의 상호작용을 통해 질량을 얻는다. 이 장과 강하게 상호작용하는 입자는 큰 질량을 가지고, 약하게 상호작용하는 입자는 작은 질량을 가진다. 이 장과 관련된 입자가 하나 있는데, 이 이론을 발표한 과학자들 중 한 명인 영국의 이론물리학자 피터 힉스(Peter Higgs)의 이름을 따서 힉스 입자라 명명되었다.

시간이 지나면서 우주에 널리 퍼진 장이라는 이 개념은 '표준모형'에 편입되었다. 입자물리학의 '표준모형'은 눈에 보이는 우주의 모든 것을 구성하는 기본 입자들과 그들 사이에 작용하는 힘들을 아주 성공적으로 설명하는 이론이다. 그리고 이십세기가 끝나갈 무렵, 힉스 입자는 표준모형이 아직 찾아내지 못한 마지막 남은 한 조각이었다.

지금은 힉스 입자가 발견됐지만, 이야기는 이제부터가 시작이다. 물리학자들은 이제 막 그 입자의 정확한 성질을 알아내기 위한 반대 심문을 시작했다. 그리고 힉스 입자 발견은 오늘날의 물리학이 대면한 여러 중요한 질문들을

대표하는 수많은 상자들 중에서 한 상자가 약간 움직인
것뿐이다. 표준모형은 많은 실험 결과들을 설명하고, 특정
범위의 현상들을 정확하게 예측해 온, 지금은 잘 검증되고
인정받는 이론이다. 하지만 표준모형은 눈에 보이는 물질이
알려진 우주의 오 퍼센트에 지나지 않는다고 기술한다.
가장 방대한 규모로 우주의 동태를 관찰한 결과, 우리는
우주의 구십오 퍼센트를 구성하는 암흑물질과 암흑에너지의
형태로 발견되어야 할 것들이 훨씬 많다는 점을 알게 되었다.
암흑물질도 암흑에너지도 목격된 바가 없다. 물리학자들은
또 왜 중력이 이처럼 약한지, 왜 지금의 우리 우주에 물질이
반물질보다 우세한지, 물질이 어떻게 원생액에서 지금 우리
모두를 구성하는 것과 같은 종류의 핵물질로 진화했는지,
우리 눈에 보이는 것보다 많은 공간의 차원이 존재하는지와
같은 질문들에 마음을 빼앗긴다. 모험은 계속된다.

세른이 순수하고 근본적인 연구를 위한 연구소여야 한다는
세른 협약문의 선언은 1950년대와 마찬가지로 지금도
여전히 유효하다. 입자물리학자들은 자연에 호기심이 있기
때문에 이 모험을 따른다. 그들은 세상이 무엇으로 만들어져
있는지, 그 법칙은 무엇인지, 세상이 어떻게 지금의 세상이
됐는지를 알고 싶어 한다. 그러나 지식 탐구는 사람들이
연구의 세계를 넘어서는 독창적인 개념을 생각해내는 것을
막지 않는다. 오히려 그 반대다.

많은 기발한 것들과 유용한 기술들이 세른에서 나와 우리의 일상적인 삶으로 들어왔다. 월드 와이드 웹이 가장 잘 알려지고 가장 명확한 예인데, 그것이 없었다면 분명 세상은 지금과는 달랐을 것이다. 하지만 세계 곳곳의 사람들이 매일 혜택을 보면서도 알아차리지 못하는 다른 사례들이 있다. 예를 들어 의학 분야에서는 중요한 많은 진단 기술과 치료 기술이 기본적인 물리학 법칙들이나 물리학 연구를 수행하기 위해 개발된 장비들에 기반하여 세워졌다. 한 가지 예를 들자면, 입자 검출에 사용되는 전문 지식에 많은 부분을 기대고 있는 '양전자방사단층촬영(PET)' 기술이 있다.

하지만 입자물리학의 세계가 우리의 일상적인 삶에 미치는 가장 현저한 영향은 기술이 아니라 이 분야에서 일하고 있거나 일했던 사람들이다. 매년 저마다의 경력을 시작하는 단계에 있는 수백 명의 학생과 젊은 연구자들이 흥미진진한 대규모 과학 프로젝트들에 참여하고 물리학자들뿐만이 아니라 모든 분야의 기술자들인 최고의 전문가들로부터 배우기 위해 세른에 온다. 이 젊은이들 중 일부만이 근본적인 연구에 머문다. 많은 사람들이 산업계나 교육계, 금융계, 실업계와 같은 다른 중요 분야의 경력을 찾아 나간다. 그들은 세른에서 얻은 경험과 기술을 지닌 채 다른 분야로 진출한다. 근본적인 질문의 답을 찾기 위해 분투하는 다문화 팀에서 일한 경험과 그 과정에서 첨단 장비를 이용하여 까다로운 문제들을 해결해 본 경험은 경쟁적인 시장 경제가 요구하는 도전과 과제를 잘 풀어나가는 데 특히 좋은 자양분이 된다.

세른은 계속해서 진화해 나갈 것이다. 지식과 기술과 순수 과학 분야에서의 국제 협력의 한계를 계속해서 넓혀 갈 것이다. 세른에 모여 공동의 목표를 추구하며 과학이라는 보편적 언어를 말하는 사람들 사이에 국적이나 문화로 인한 장벽은 없다. 지금은 느긋하게 앉아 최고의 사람들에 감탄하면서 거대강입자충돌기가 걷는 발견의 여정을 통해 우리에게 더 많은 통찰이 찾아오기를 기대할 때다.

이 글에 많은 도움을 준 바르바라 바름바인과 제임스 길리스에게 감사드린다.

롤프 호이어(Rolf Heuer)는 1948년에 독일 볼에서 태어난 입자물리학자이자 함부르크 대학의 교수이며, 2009년부터 2015년까지 세른 소장을 역임했다. 독일레오폴디나과학한림원 회원이며 폴란드인문과학원 외국인 회원이다. 유럽과 아시아, 오스트레일리아, 캐나다 여러 대학에서 명예과학박사 학위를 받았다.

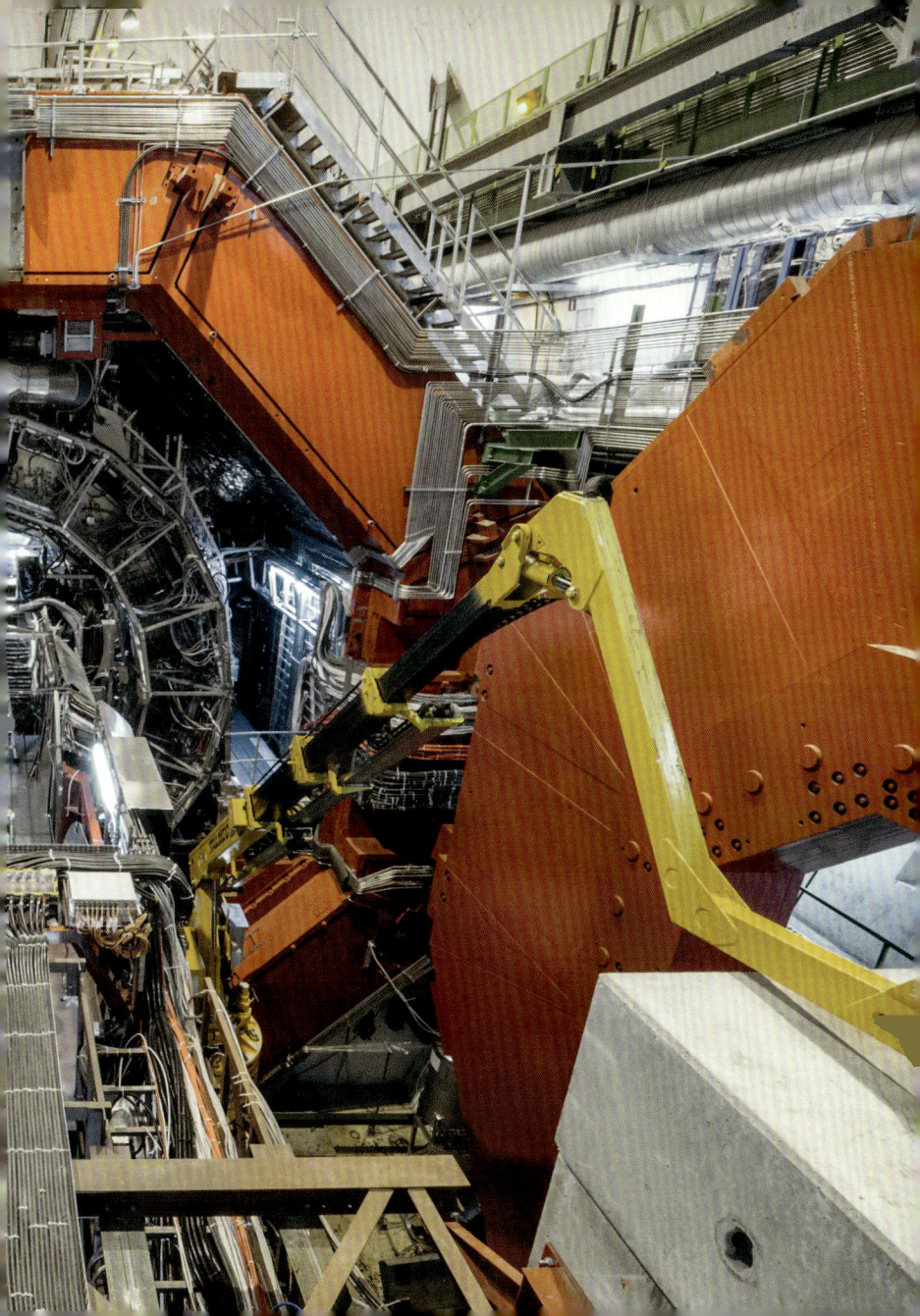

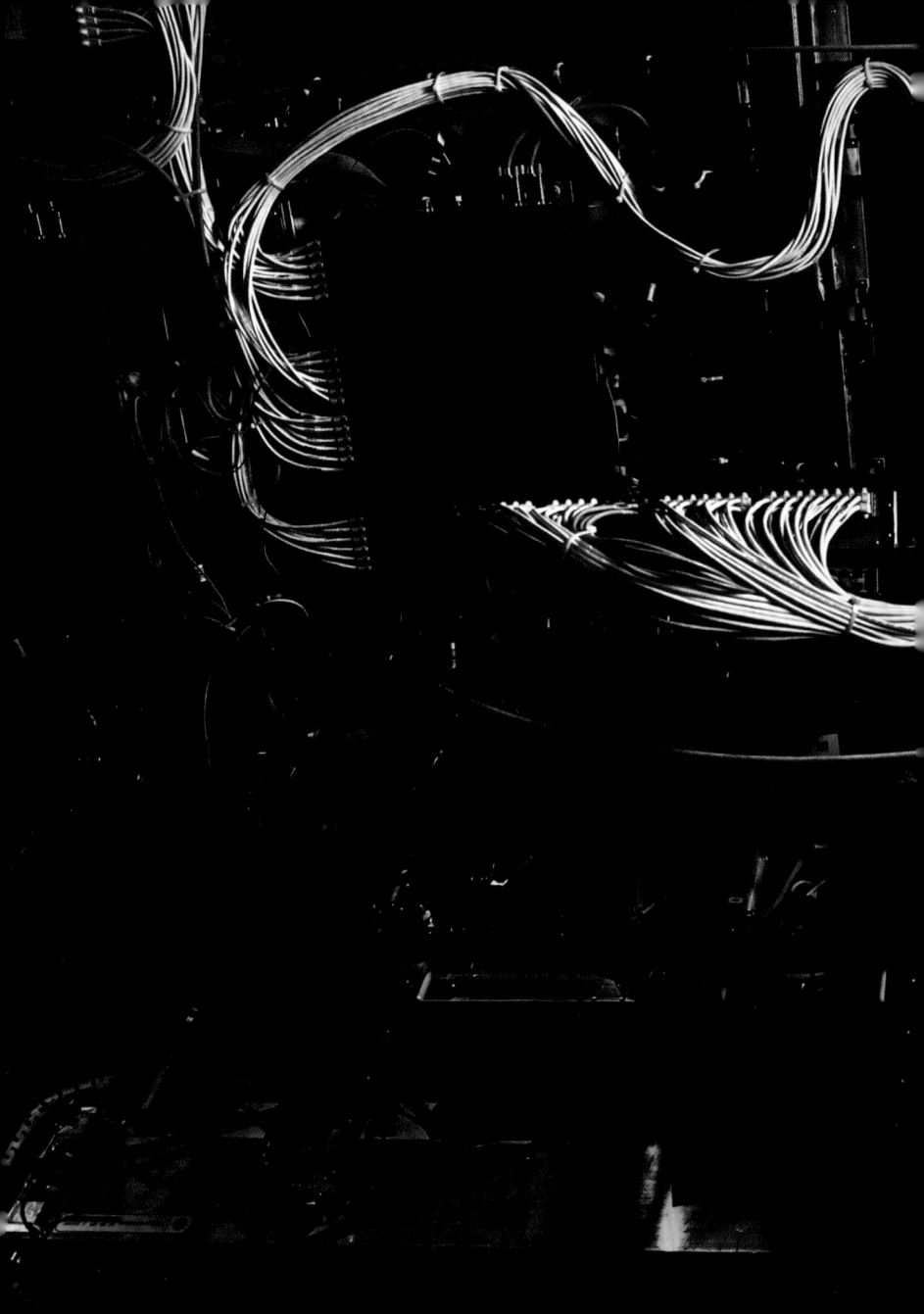

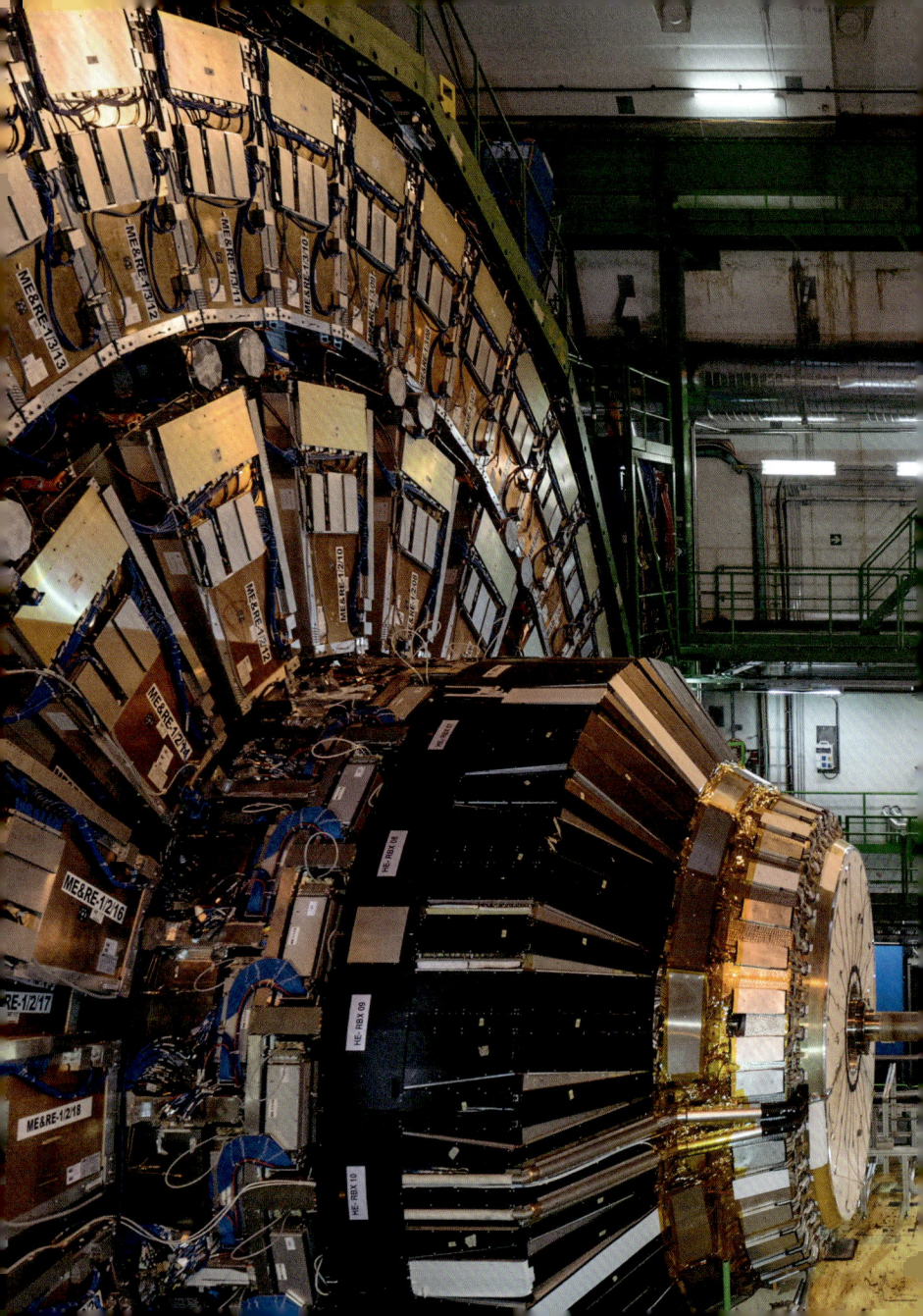

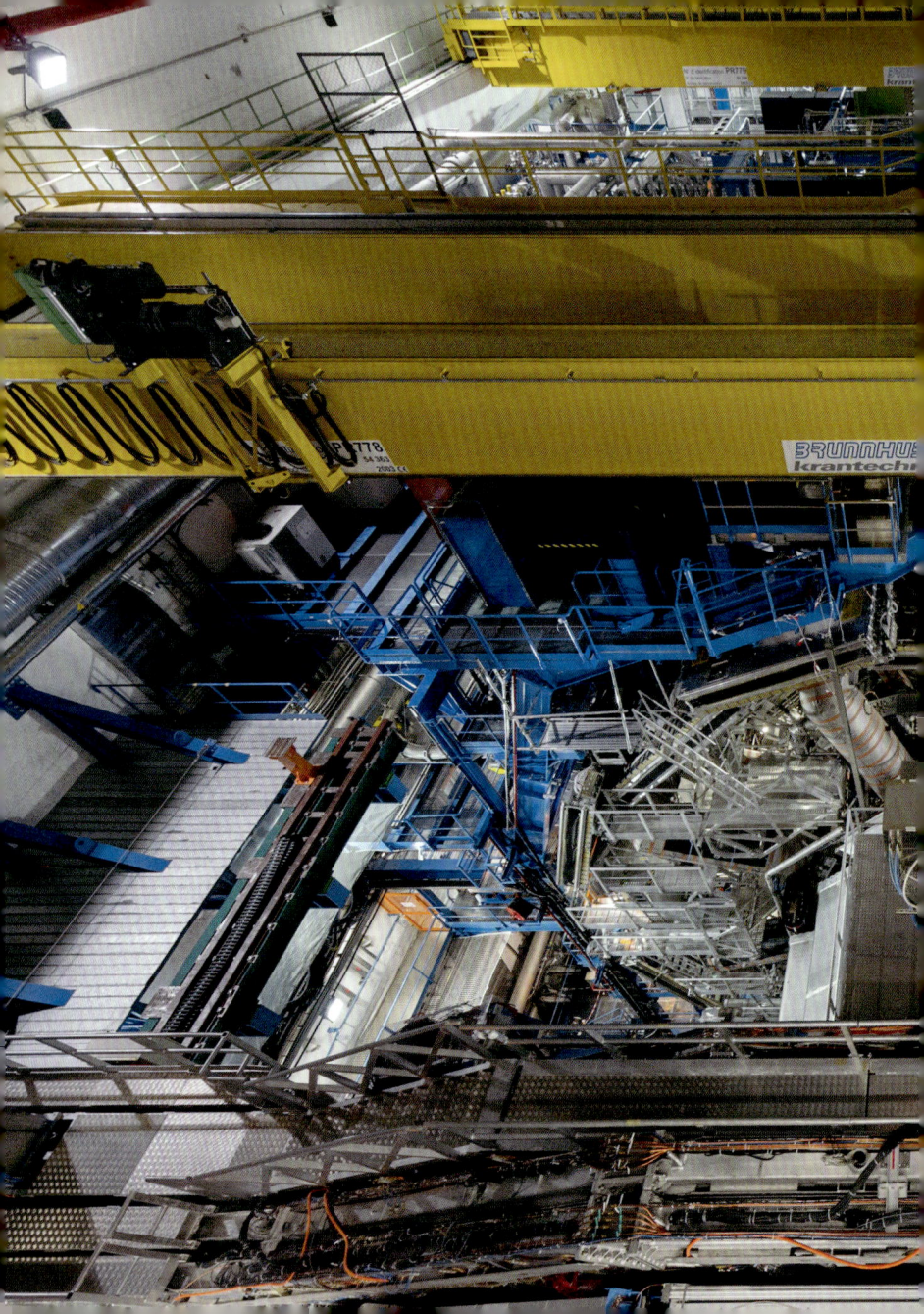

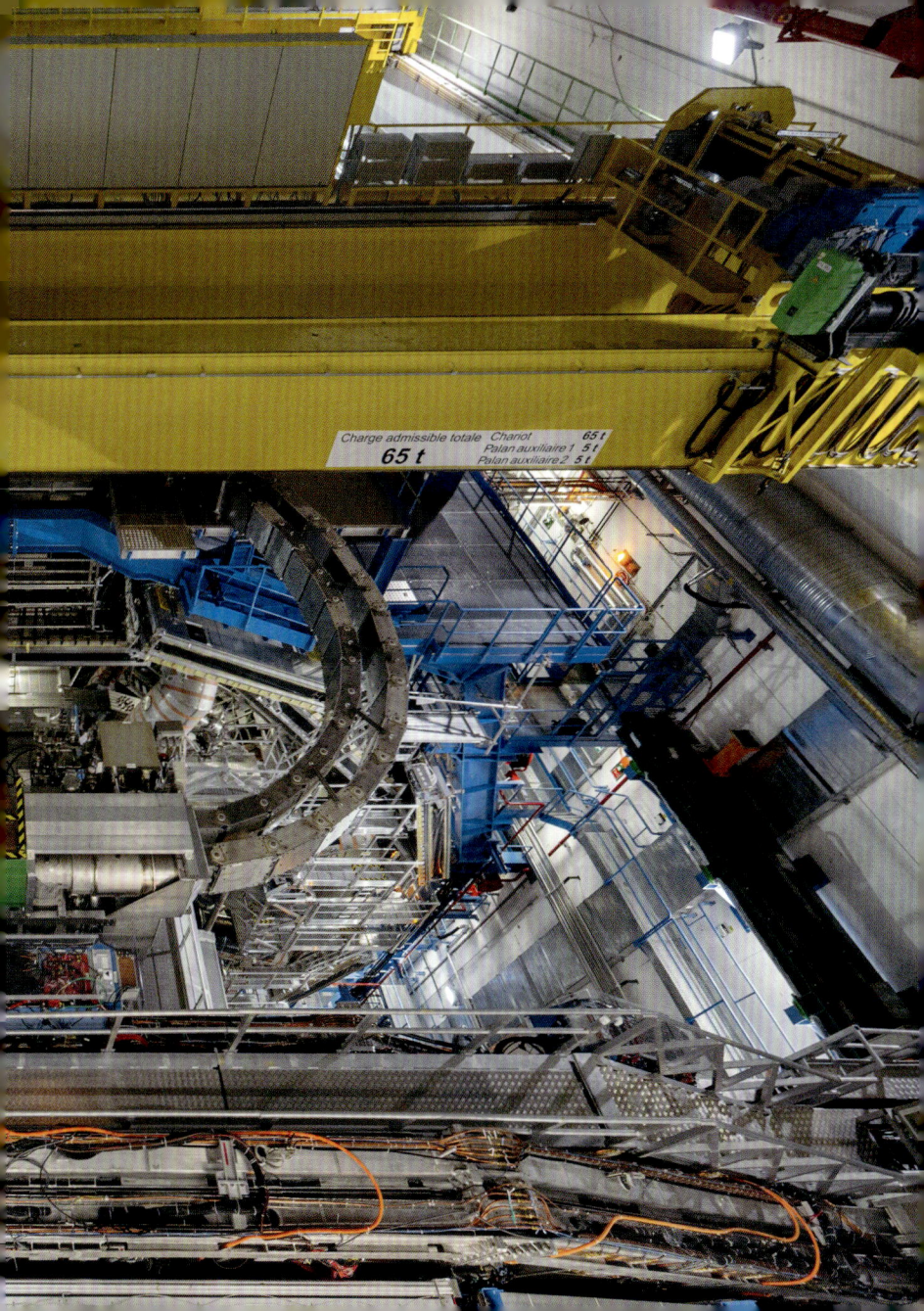

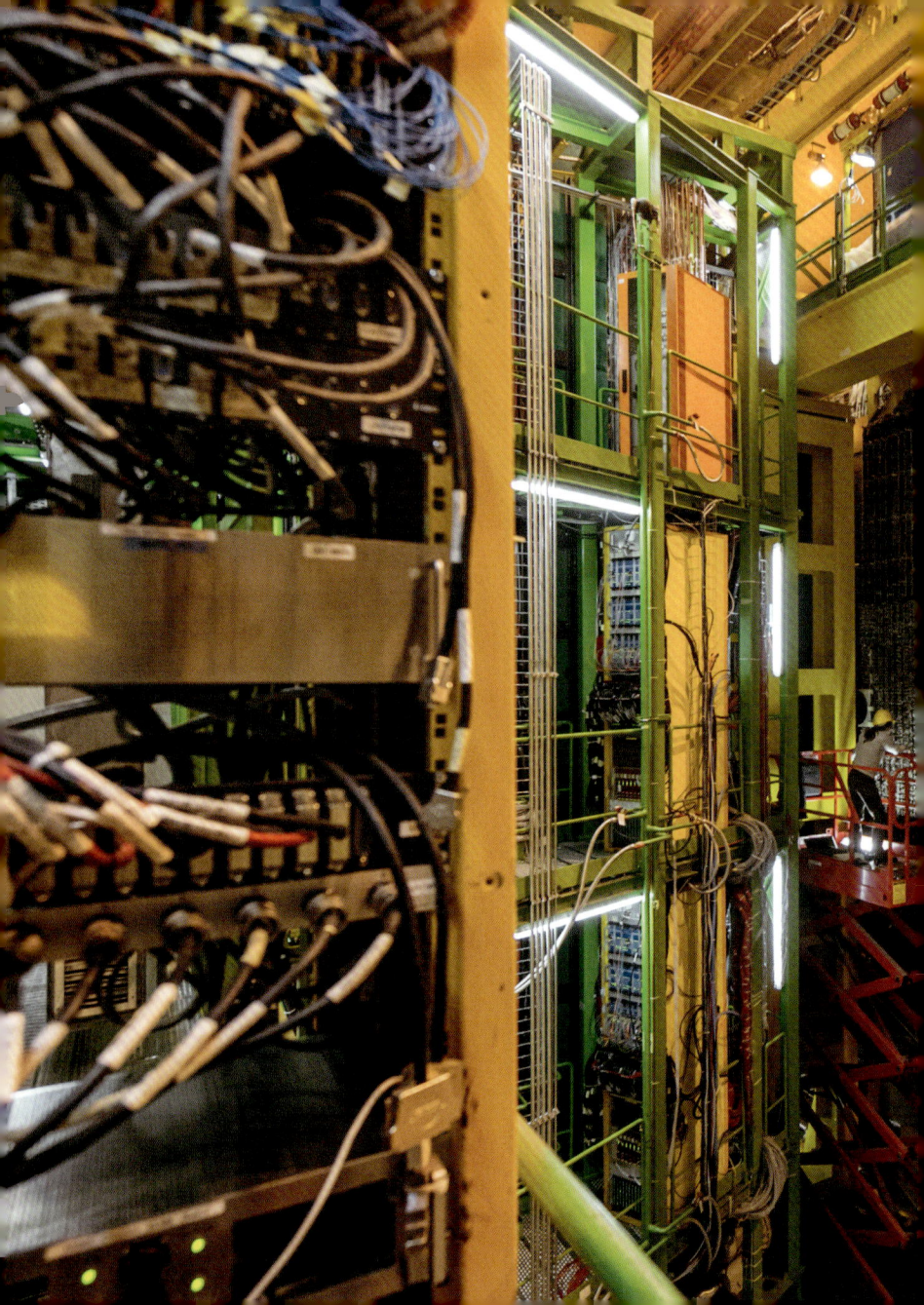

물리학자들의 버킷리스트, 세른

박인규

세른(CERN)이란 이름이 우리나라에 본격적으로 소개되기 시작한 것은 내가 대학에 입학한 해인 1983년으로 기억한다. 그 해 봄 세른에서 W입자와 Z입자가 발견됐다는 외신이 있었고, 바로 그 다음 해인 1984년에 카를로 루비아(Carlo Rubbia)와 시몬 판 데르 메이르(Simon van der Meer)가 노벨상을 받았다. 학부 이학년 물리학과 학생이던 내가 W입자가 무엇인지, 또 Z입자는 무엇인지 당시에 제대로 이해했을 리 없다. 그도 그럴 것이 노벨상 업적에 관한 신문기사마저도 제대로 해석할 만한 물리학 전공지식이 없던 시절이기 때문이다. 하지만 그 당시 세른이란 이름만은 내 머릿속에 낚싯바늘 마냥 콕 박혀 버렸다. 그리고 이내 동경의 대상이 되었다. 캠퍼스 생활은 늘 바빴다. 술과 당구를 즐기고, 동아리 활동에 학생회 일까지. 그래도 나사(NASA)나 세른 같은 곳에서 일하는 물리학자가 되고 싶다는 꿈만은 늘 가슴 한편에 가지고 있었다.

꿈이 이루어진 것은 그로부터 채 십 년도 안 걸렸다. 내가 첫 연구결과를 발표하기 위하여 처음으로 세른에 가게 된 것이 1992년이니 말이다. 당시 세른에서는 '엘이피(LEP)'란 거대한 가속기가 가동 중이었다. 'LEP'는 'Large Electron-Positron Collider'의 약자로 우리말로 하면 '대형 전자-

양전자 충돌기'쯤이 된다. 'LEP'는 전자와 양전자를 각기 '45 GeV', 즉 사백오십억 전자볼트라는 어마어마한 에너지로 가속시켜 서로 정면충돌하게 만드는 장치였다. 세른 연구자들은 이렇게 얻은 충돌로부터 Z보손 입자를 대량으로 만들어내는 실험을 하고 있었다. 엘이피 가속기에는 네 개의 국제공동연구팀이 있었는데, 이들은 각기 알레프(ALEPH), 델피(DELPHI), 엘스리(L3), 오팔(OPAL)이라 불렸다. 나는 이 중 알레프 팀에 속해 있었고, 이곳에서 학위논문을 준비하고 있었다.

처음 세른으로 가던 길은 아직도 기억 속에 생생하게 남아 있다. 테제베(TGV)에서 내려 처음 도착한 코르나뱅 역에선 각각의 도시들이 가지고 있는 특유의 분위기와 향기를 느낄 수 있었다. 제네바 구경은 꿈도 꾸지 못하고 일정에 밀려 곧바로 트램과 버스를 갈아타고 도착한 세른은 마치 커다란 공장과도 같았다. 그러나 첫인상과 달리 그 안은 밤늦도록 연구에 몰두하는 물리학자들에게 천국과도 같은 곳이었다. 레스토랑 한 편은 담배연기로 가득했고, 맥주를 마셔 가며 열띤 토론을 하는 과학자들의 모습을 볼 수 있었다. 나도 그들과 함께 일원이 됐다는 부푼 가슴을 안고, 동경하던 세른에서 그렇게 첫 일을 시작하게 되었다.

따지고 보면 당시 세른에는 분석한 결과를 발표하러 가끔씩 방문할 뿐이었다. 실제 물리 데이터 분석은 프랑스 오르세에 있는 선형가속기연구소(Laboratoire de l'Accélérateur Linéaire, LAL) 연구실에서 주로 이루어졌다. 세른 컴퓨팅 센터에 보관된 실험 데이터를 프랑스 리옹의 컴퓨팅 센터로 옮긴 뒤, 다시 데이터를 작게 만들어 내 컴퓨터 계정으로 옮기고 나서야 본격적인 데이터 분석을 할 수 있었다. 이런 모든 과정은 원격 터미널 작업을 통해 이루어졌고, 만들어진 결과를 서로 공유하기 위해 월드 와이드 웹을 사용했다. 당시 모자이크(MOSAIC)란 브라우저를 통해 동료 연구자들의 결과를 보고 또 내 작업 결과를 소개할 수 있었던 일은 큰 축복이었다. 지나고 보니 혁명이 진행되던 역사의 현장 속에 있었던 것이었다.

세른에서 월드 와이드 웹이 완전히 공용 툴로 자리 잡았던 1992년, 한국은 피시(PC) 통신이 대세를 이루고 있었다. 당시 내가 살던 파리에서는 유학생들이 중심이 되어 교민들을 위한 피시 통신 서비스를 준비하고 있었다. 나도 한두 번 그 준비모임에 참석했는데, 그곳에서 피시 통신 대신 세른의 월드 와이드 웹을 활용하자는 제안을 했고, 그들을 연구소로 초청해 월드 와이드 웹을 열심히 홍보했던 기억이 난다. 그들 중 한 사람이 오늘날 '다음커뮤니케이션'의 창업자인 것을 생각해 보면, 나도 우리나라 아이티(IT) 기술 혁명에 한몫을 하지 않았나 자부하게 된다.

1990년대 월드 와이드 웹은 정보화혁명을 일으키며 큰 비즈니스로 성장했다. 미국에선 야후가 탄생하고, 구글이 나왔다. 천문학적인 부자들이 생겨나면서 세른이 왜 월드 와이드 웹에 특허를 걸지 않았는지에 대한 질문이 심심치 않게 나오곤 했다. 물론 이 질문은 지금도 단골메뉴다. 월드 와이드 웹은 세른에서 일하던 팀 버너스-리(Tim Berners-Lee)와 그의 동료 로베르 카이오(Robert Cailliau)에 의해 만들어졌다. 2009년 나는 운 좋게도 케이비에스(KBS) 촬영의 일환으로 로베르 카이오와 인터뷰를 할 수 있는 기회를 가졌다. 그에게 왜 세른이 특허출원을 하지 않았는지 따져 물었다. 그랬다면 세른이 세계 최고의 부자 연구소가 되어, 여러 나라 정부에 손을 벌리지 않고 마음껏 연구할 수 있지 않았겠느냐는 취지였다. 그의 답변은 매우 간단했다. 만약 세른이 특허를 걸었다면, 카피캣(copycat)으로는 천부적인 재능을 가진 빌 게이츠가 금방 유사한 기술을 만들어냈을 테고, 그것이 미국의 힘으로 국제표준이 되었다면, 빌은 아마 지금과는 비교가 되지 않을 정도의 부자가 되었을 거란 얘기였다. 물론 로베르의 농담으로, 실은 월드 와이드 웹 역시 세금으로 만들어진 연구결과물이라 인류가 공유하는 것이 맞다는 설명이었다. 평화적인 연구와 인류공영에 이바지한다는 세른의 설립취지에 부합하기 때문이다.

사실 물리학자가 돈을 포기하는 일은 한두 번이 아니다. 굴리엘모 마르코니(Guglielmo Marconi)는 무선통신에 특허를 내지 않았고, 존 바딘(John Bardeen) 역시 트랜지스터에 특허를 걸지 않았다. 물리학은 엠아르아이(MRI)라고 알려진 핵자기공명촬영장치, 페트(PET)라 불리는 양전자방사단층촬영 기술 등 엄청나게 유용한 의료 진단 장비들의 원천기술을 만들어냈음에도, 돈은 의사들이 벌었지 물리학자가 부자가 됐다는 이야기는 듣지 못했다. 나름의 이유는 있겠지만, 하여간 월드 와이드 웹은 세른에 의해 인류 공통의 자산이 되었고, 이제는 우리네 삶에서 필수불가결한 존재가 되었다.

여러분들이 혹시라도 세른에 갈 기회가 있다면, 제1동과 제2동 건물을 연결하는 복도를 꼭 찾아가 보길 권하고 싶다. 여기엔 월드 와이드 웹이 만들어졌다는 설명이 적힌 작은 간판 하나가 붙어 있다. 그저 낡고 초라한 사무실이지만, 인류의 정보화 혁명이 시작된 곳이다. 그러고 보면 역사에 남을 정말 큰 사건들은 하나같이 작고 평범한 데서 출발하는 것 같다.

만약 세른에서 가장 중요한 곳을 한군데만 꼽는다면 단연코 501동 건물일 것이다. 이곳은 세른의 제1식당이 있는 곳으로 여기서 일하는 사람들과 방문객들로 항상 붐빈다.(pp.230-233) 세른 사람들은 여기를 간단히 '알원(R1)'이라 부른다. 굳이 '레스토랑 원(Restaurant 1)'이라 길게 쓰는 사람은 없다. 그냥 'R1에서 만나자'하면

그만이다. 이 책에는 한국계 재미 과학자인 정수억 박사가 연세대학교에서 파견 나온 김범규 박사와 토론하는 모습이 나오는데(pp.62-63), 이들은 한국알리스실험사업팀에서 일한다. 한국은 2007년부터 정부의 지원을 받아 이곳에 연구인력을 파견하고 있다. 이 책에는 단 두 명만 나오지만 실제로는 심심치 않게 한국인들을 발견할 수 있다. 'R1'은 세른의 연구자들이 하루에 한두 번씩을 꼭 지나다니는 곳이므로, 여기에선 반드시 한국인 연구자들과 조우할 수 있다. 하여간 제1식당은 식사를 하는 곳이지만, 알고 보면 세른 연구자들의 만남의 장소이고, 또 가장 중요한 소통의 장소다. 혹자는 말한다. 세른의 가장 중요한 연구결과는 회의실에서 발표되지 않고, 'R1'에서 발표된다고….

제1식당의 옛날 모습은 지금과는 매우 달랐다. 물론 엘이피(LEP) 실험이 한창이던 1990년대에도 늘 붐비는 공간이었다. 하지만 그때는 건물 안에서도 담배를 피우던 시절이었다. 레스토랑은 두 영역으로 나뉘어, 식사를 주로 하는 쪽은 금연이었지만, 반대편 차를 마시는 공간에서는 담배를 피웠다. 그렇다고 두 공간이 물리적으로 나뉘어 있지는 않았다. 그냥 개방된 공간에 사람들이 적당히 영역을 나누어 사용했다. 재미난 점은 양쪽 영역으로 넘어가는 중간 지점쯤 천장에 매달린 안내문이었다. 흡연 공간에서 금연 공간으로 이동하며 안내문을 쳐다보면 '담배 피우지 않는 사람들을 존중해 주십시오'라고 적혀 있고, 금연 공간에서 흡연 공간으로 이동하면서 보면 그 반대의 문구가 적혀 있었다. '담배 피우는 사람들을 존중해 주십시오.' 물론 이제는 사라진 안내문이고, 지금 세른의 모든 건물 내부는 금연이다.

세른에 가면 거의 모든 나라의 말을 들을 수 있다. 독일어, 스페인어, 러시아어, 인도어, 중국어, 일본어, 한국어 등등…. 물론 공식 언어는 영어와 불어이지만, 세른에 와 있는 각국의 연구자들은 여러 가지 방식으로 다양한 언어를 사용하게 된다. 심지어는 프랑스, 스페인, 이탈리아 연구자들이 서로 자국어로만 얘기해도 서로 잘 알아듣고 대화가 이어지는 광경도 목격된다.

선글리시(CERNglish). 이는 세른에서 통용되는 영어이다. 정확히 말하면, 영어는 영어이지만 이탈리아어와 불어 단어들과 그 특유의 악센트가 적당히 혼합되어 있으며, 가끔가다 인도식 발음과 러시아 악센트도 섞여 나오는, '전 세계 단어와 발음이 적당히 섞인 영어(world wide weighted-average English)'인 것이다. 따라서 이곳에서는 소위 영미계 원어민의 발음으로 영어를 해야 한다는 강박관념은 없다. 누구나 자신있게 자국의 영어 발음을 뽐낼 수 있는 곳이다. 나 역시 콩글리시로 개떡같이 얘기해도 상대방은 찰떡같이 잘 알아듣는다. 물론 처음 도착한 영미계 친구들은 선글리시에 불평할 때도 있다. 그러나 그들도 이곳 생활을

하다 보면 얼마 지나지 않아 선글리시를 쓰는 자신의 모습에 깜짝 놀라게 된다고들 한다. 세른에 사는 과학자들을 '세르니안(CERNian)'이라 종종 부르는데, 그들은 선글리시를 공용어로 쓰고 있다고 할 수 있겠다.

이 책에서는 유명한 이론물리학자 존 엘리스(John Ellis)의 모습(pp.81-83)도 보이는데, 그의 연구실에는 해골이 걸려 있는 것으로 유명하다. 섬뜩할 수 있지만 사실 종이로 만든 해골이다. 그 해골은 목에 종이 하나를 걸고 있다. 자세히 보면 'I spoke bad about SUSY'라 적혀 있다. 'SUSY'는 초대칭이론(supersymmetry)을 말한다. '존 엘리스가 초대칭이론에 대해 악담을 했다'는 것인데, 결과는 두고 봐야 한다. 물론 아직까지 엘에이치시(LHC)에서 초대칭입자가 발견됐다는 소식은 없다.

존과 같은 유명한 이론물리학자들뿐 아니라 세른에 가면 노벨상 수상자들을 일상처럼 만날 수 있다. 카를로 루비아(Carlo Rubbia), 잭 스타인버거(Jack Steinberger), 조르주 샤르파크(Georges Charpak), 사무엘 팅(Samuel Ting)처럼 세른에 상주하는 노벨상 수상자들 덕분이기도 하지만, 다른 노벨상 수상자들이 자주 이곳을 방문하기 때문이다. 뭐 노벨상 수상자라고 크게 다른 것은 없다. 세른에 가면 노벨상 수상자가 'R1'에서 식반을 들고 식사하는 모습을 쉽게 볼 수 있다. 나는 2007년부터 지금까지 거의 매년 여름을 세른에서 보냈는데, 그때마다 한 번쯤은 잭 스타인버거와 식사를 했다. 학생 시절 아무것도 모르고 회의실에 들어가 잭이 즐겨 앉던 의자를 빼앗아 앉은 적이 있다. 회의가 시작되자 잭이 들어왔는데, 그가 노벨상 수상자인 걸 몰랐던 나는 형광등을 바꾸러 온 기사 아저씨인 줄 알고 천장을 쳐다봤던 기억이 있다. 나에게 고정 좌석을 잠시 빼앗겼던 잭 스타인버거 역시 이 책에서 만날 수 있다.(pp.36-37)

한국인 과학자들이 세른에서 일하기 시작한 지 벌써 삼십 년이 넘었다. 그리고 우리나라 정부가 정식으로 '한-세른협력사업'이라는 협정을 맺고 한국의 연구자들을 파견하기 시작한 지도 십 년이 넘는다. 한국은 엘에이치시 실험을 위해 다양한 기여를 하고 있다. 데이터 분석이 주된 업무였던 과거와는 달리 이제는 시엠에스(CMS)나 알리스(ALICE) 실험에 필요한 주요 검출기들의 제작에도 참여하고 있다. 우리나라 기업이 만든 검출기 핵심 부품들이 실제로 세른 실험에 사용되고 있다.

지난 십 년간의 사업을 거치면서 한국 참여진의 규모도 비약적으로 성장했다. 한국시엠에스실험사업팀만 보더라도 아홉 개 대학의 백여 명이 참여하는 국내 최대 규모의 입자물리연구집단으로 성장했다. 한국알리스실험팀 역시 여섯 개 대학 사십여 명이 참여하는 큰 연구집단이 되었다. 또 이론물리학자들도 세른과 교류하고 있다. 특히 한-세른협력사업을 통해, 한국은 매년 한 명의 한국인 이론물리학자를 세른 펠로우로 선정하여 그곳에서 연구에 전념할 수 있게 한다. 컴퓨팅 분야에서도 한국은 두드러진 역할을 했다. 한국과학기술정보연구원(KISTI)은 엘에이치시 실험을 위해 '티어(Tier)-1'급 컴퓨팅 환경을 제공하고, 국내 연구자들을 위해 국가과학기술연구망(KREONET)도 제공하고 있다. 그러고 보면 이제 구슬은 다 만들어진 것 같다. 남은 건 구슬을 엮는 일이다.

유럽에는 세른이, 미국에는 페르미연구소(FermiLab)가, 일본은 쓰쿠바(筑波) 과학도시에 국립고에너지물리연구소(KEK)가 있다. 중국은 엘에이치시보다 두 배나 큰 가속기를 짓겠다는 계획을 발표하며 야심찬 과학 굴기를 추진 중이다. 우리도 구슬은 준비됐으니, 이들을 꿰어 세른과 같은 고에너지물리학연구소로 발전시키는 일이 꿈이 아닌 현실이 되길 기대해 본다.

세른은 이제 유럽을 떠나려 한다. 더 이상 스스로를 유럽의 연구소라 하지 않는다. 그들은 세계 공동의 물리연구소로 자리잡고 싶어 한다. 이에 맞춰 전 세계 어느 나라도 세른의 정식 회원국이 될 수 있도록 규정도 바꿨다. 세른에는 현재 스물두 개 회원국이 참여하고 있고, 미국, 일본, 러시아와

유엔(UN), 그리고 유네스코(UNESCO)가 옵서버로, 인도, 파키스탄 등 다섯 개 나라가 준회원국으로 있다. 명실공히 이미 세계의 연구소가 되었다 해도 과언이 아니다. 설립 취지에 맞게 인류 공영을 위한 국제기구로서의 위상도 공고히 하고 있다. 이런 시점에 우리나라도 세른의 준회원국으로 가입하기를 희망해 본다. 준회원국은 세른의 운영방안에 대한 투표권은 없어도, 가속기나 검출기를 건설할 때 자국 기업들의 입찰권을 보장받는다. 그러면 지금 세른이 계획하고 있는 미래원형가속기(Future Circular Collider, FCC, 둘레가 백 킬로미터에 달하는 인류최대의 가속기)나 선형가속기(Compact Linear Collider, CLIC) 건설에 한국기업들의 진출이 가능하다는 얘기다. 물론 이같은 경제적 측면보다는 물리학자를 꿈꾸는 젊은 한국인들에게 다양한 기회를 제공할 수 있다는 점에서 더 큰 의미가 있다.

박인규(朴仁圭)는 프랑스 파리 11대학에서 입자물리학을 공부하고, 1992년부터 지금까지 꾸준히 세른 실험에 참여해 오고 있다. 2004년 서울시립대학교 물리학과 교수로 부임하면서 한-세른협력사업에 첫발을 내딛었고, 이후 한국시엠에스실험사업팀을 이끌면서 2012년 힉스 입자 발견의 영광을 함께 누리기도 했다. 한국물리학회 물리대중화특별위원회 위원장(2015-2016)을 지내며 대중과의 소통에도 힘을 쏟고 있다.

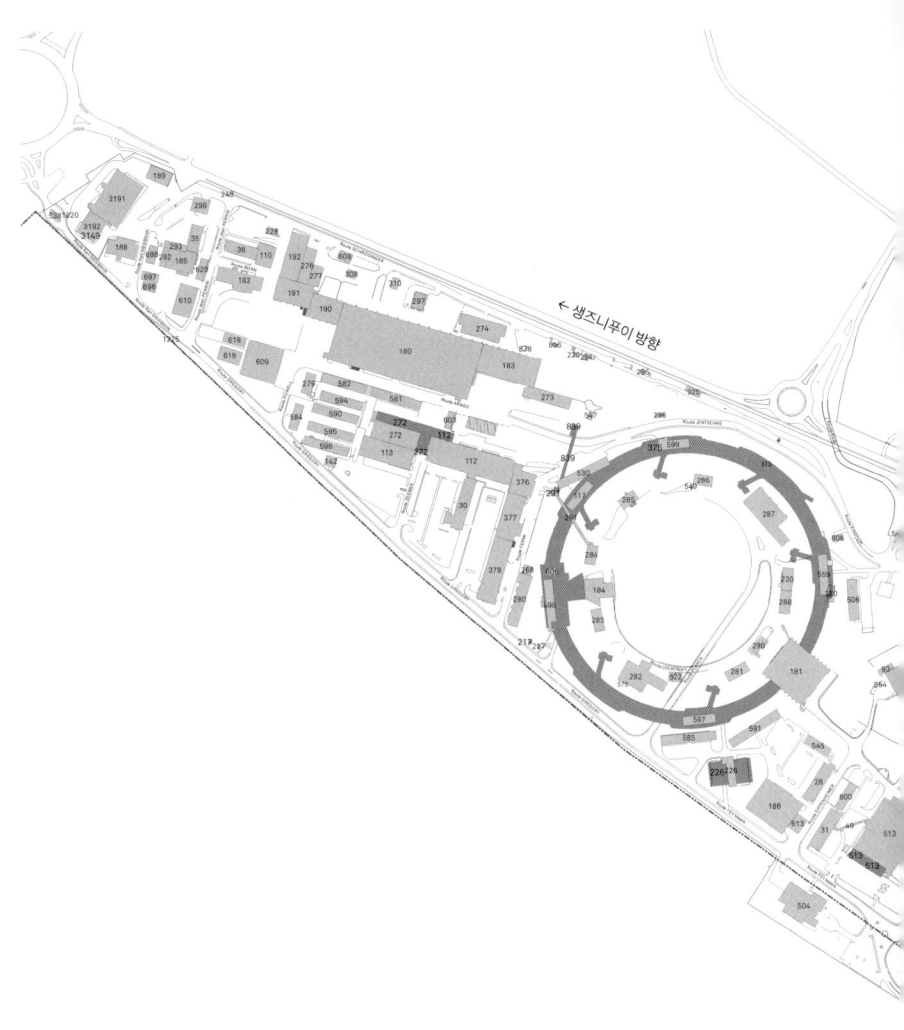

메랑 단지 배치도

프레베상 단지 배치도

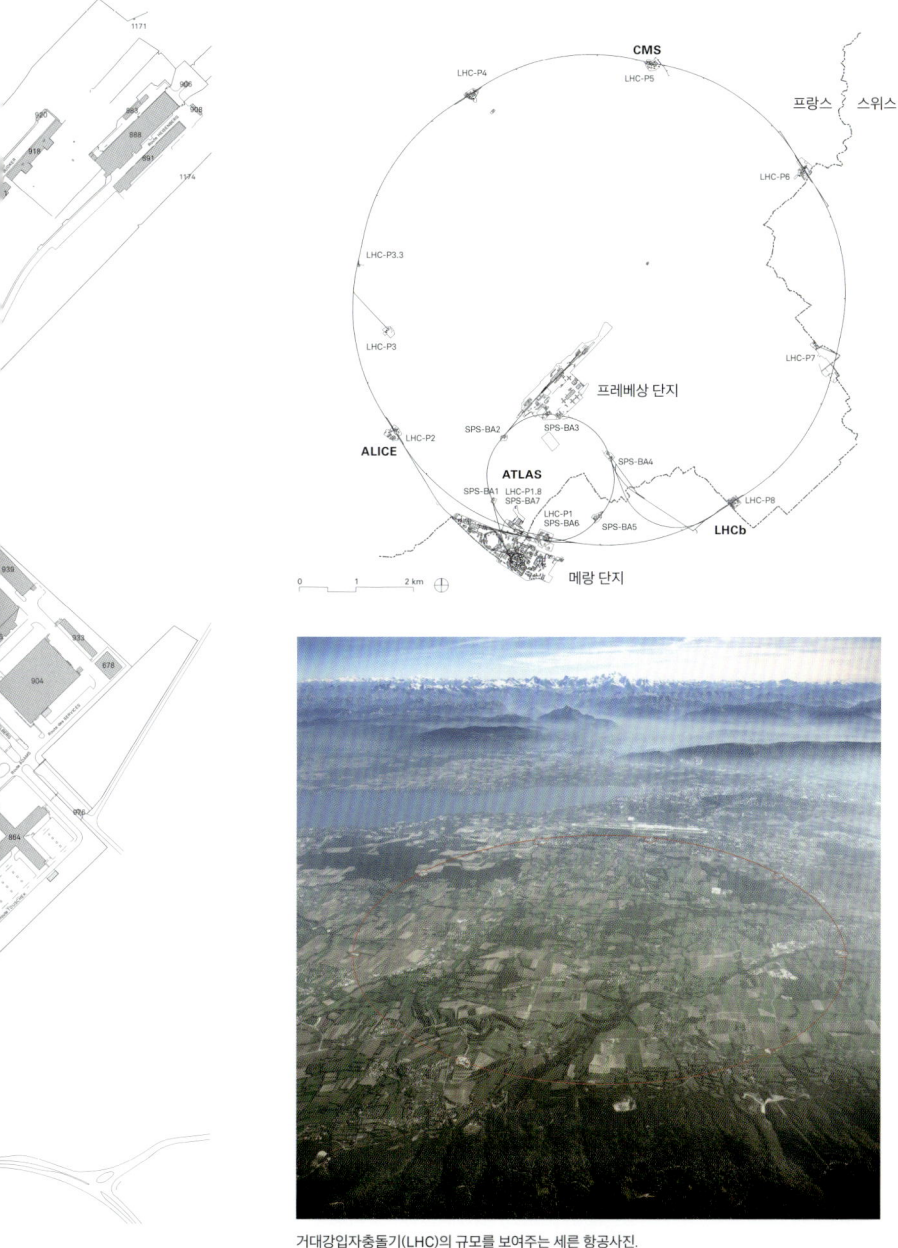

거대강입자충돌기(LHC)의 규모를 보여주는 세른 항공사진.

사진설명

36-37. 1988년 노벨물리학상 수상자인 잭 스타인버거(Jack Steinberger, 2018년 현재 96세)의 연구실.

38-39. 잭 스타인버거 연구실의 칠판.

46-47. 시엠에스(CMS, Compact Muon Solenoid) 검출기 실험을 담당하는 선임 연구 물리학자 리처드 켈로그(Richard Kellogg)가 동료들과 얘기하고 있다.

81. 이론물리학자인 존 엘리스(John Ellis)의 연구실.

82-83. 존 엘리스(왼쪽)와 키스 올리브(Keith Olive). 수지(SUSY)는 초대칭이론(supersymmetry)의 약자다.

147. 거대강입자충돌기(LHC) 프로젝트를 이끌던 린 에반스(Lyn Evans).

148-149. 이론물리학자인 제랄딘 세르방(Géraldine Servant).

170-173. 알파 자기분광계 위성탑재 실험 통제소(AMS POCC). 입자물리 검출기의 하나인 알파 자기분광계(Alpha Magnetic Spectrometer, AMS)는 국제우주정거장(ISS)에 부착된 외부 모듈이다. 여기서 보낸 데이터는 세른에 있는 알파 자기분광계 위성탑재 실험 통제소(Payload Operations Control Center, POCC)에서 분석된다.

186-187. 세른 댄스클럽에서 주최한 '탱고의 밤'.

190-199. 세른 소장인 롤프 호이어의 사무실(2016년부터는 파비올라 자노티(Fabiola Gianotti)가 소장으로 있다―옮긴이).

200-203. 세른 강당에서 연구소장이 신년사를 전하고 있다.

204-213. 온라인 동위원소 분리기(Isotope Separator On-Line Device, ISOLDE). 세른에 있는 방사능 빔 시설인 이졸데(ISOLDE)는 핵물리학과 원자물리학, 재료공학, 생명과학 분야의 여러 실험에 쓰이는 엄청나게 다양한 전용 희귀 빔들을 합법적으로 생산하는 데 전념한다.

210-211. 이졸데 물리학팀 리더인 마리아 보르헤(Maria Borge)와 두 동료.

214-225. 클라우드(CLOUD, Cosmic Leaving Outdoor Droplets) 실험은 완전무균 안개상자와 세른 양성자 싱크로트론을 이용하여 대기의 연무질 입자와 구름과 은하 우주선과의 연관 가능성을 탐구한다.

226-229. 시엠에스 화상회의.

235-237. 데이터센터.

238-241. 힉스 보손 발견 전후의 세른 통제센터. 통제센터에는 가속기 작업과 기술적 기반 시설들에 대한 모든 제어장치가 있다.

243-251. 메랑 에이디(AD)관에서 진행되는 아이기스(AEGIS, Antihydrogen Experiment: Gravity, Interferometry, Spectroscopy) 조립 실험. 중력은 물질과 마찬가지로 반물질에 대해서도 동일한 방식으로 작용할까? 아이기스는 반양성자감속기(Antiproton Decelerator, AD)로 반수소를 이용하여 이 점을 실험한다.

256-259. 세른에서 행하는 실험들에 쓰이는 입자 검출기들의 개발과 제작, 운용, 유지보수를 담당하는 검출기 기술실험실.

262-263, 266-267. 'NA62' 검출기, 일명 '빨대' 검출기 제작.

264-265. 마리나 자이체바(Marina Zaytseva)가 에폭시 접착제로 '빨대' 튜브를 붙이고 있다.

272-273. 아틀라스 실험에 쓰이는 천이복사궤적추적기(Transition Radiation Tracker)의 가장 까다로운 부분이랄 수 있는 'SR1' 제작 작업.

282. 데이터센터.

283-287. 아이비엘(IBL, Insertable B-layer, 삽입형 B층) 판을 전기와 열로 시험하는 실험대의 광경. 아이비엘 검출기는 아틀라스 픽셀 검출기 내부에 장착될 예정이다.

289-297. 게스트하우스 주방과 식당.

300-303. 알리스(ALICE, A Large Ion Collider Experiment)에 사용될 광자다중검출기 모듈 중 하나의 연결 작업과 탑재 작업.

304-305. 시엠에스 검출기에 쓰일 다이아몬드 픽셀 원격 휘도 측정기(PLT, Pixel Luminosity Telescope)의 견본을 만들기 위한 부품 조립 작업.

308-315. 시엠에스 실험의 1단계 업그레이드를 위한 음극 스트립 상자(CSC, Cathode Strip Chambers)라 불리는 뮤온 검출기 제작과 시험 작업.

324-325. 주입 및 추출 자석의 조립에 사용되는 청정실에서 이뤄지는 엘에이치시(LHC) 초전도 주입 자석(MKIMA) 점검.

326-327. 엘에이치시 초전도 주입 자석에 대한 고전압 조정 시험. 결과는 여전히 옛날 방식대로 업무일지에 적는다.

330-331. 방사성 정보원에 대한 반응을 시험하는 데 사용하는 어느 실험 장비의 수리 장면.

332-333. 전원 컨버터 실에서 전원 모듈 테스트 중.

334-335. 아틀라스 검출기 안에 사용되는 하드웨어 부품 시험 중.

337-341. 대형자석시설.

342-343. 아틀라스 검출기에 쓰이는 전자 모듈 시험 중.

348-359. 887번 시험실은 여러 실험 용도로 사용된다.

374-379. 엘에이치시(LHC) 터널. 'LHC'는 거대강입자충돌기를 뜻한다. '거대'는 크기(원주 길이가 대략 이십칠 킬로미터에 이른다) 때문이고, '강입자'는 강입자인 양성자나 이온을 가속하기 때문이며, '충돌기'는 입자들이 두 줄기 빔을 형성하여 반대 반향으로 이동하다가 이 기계의 두 고리가 교차하는 네 지점에서 충돌하기 때문이다.

380-381. 엘에이치시 제4지점의 주변 환경.

382-387. 알리스 검출기 주변 환경. 알리스는 납 이온 충돌을 분석하는 데 특화된 검출기다. 쿼크와 글루온이 더는 강입자 내부에 속박되지 않는, 온도와 밀도가 아주 높은 환경에서의 물질 상태인 '쿼크-글루온 플라즈마'의 성질을 연구한다. 그런 상태는

빅뱅 직후, 양성자와 중성자와 같은 입자들이 형성되기 전에만 존재했다.

388-393. 알리스 지하실험실과 제어실.

394-395. 시엠에스 주 건물. 시엠에스는 아틀라스와 같은 물리학적 목표를 가졌지만 다른 기술적 해법과 설계를 적용한 범용 검출기다.

396-397. 시엠에스 실험 제어실.

399-405. 시엠에스 지하실험실.

406. 시엠에스 방문객들.

407-409. 시엠에스 지하실험실 안에서 실시된 소방대의 대피 훈련.

412-413. '과학과 혁신의 글로브'가 보이는 아틀라스 검출기 주변 환경.

414-419. 아틀라스 실험. 아틀라스는 힉스 보손에서부터 초대칭이론(SUSY)과 여분 차원들까지, 엘에이치시에서 가장 넓은 범위의 탐색 작업을 담당하도록 설계된 범용 검출기다. 아틀라스 검출기의 핵심 부분은 거대한 도넛 모양의 자기 시스템이다. 이십오 미터 길이의 초전도 자석 코일 여덟 개가 실린더 형태로 조립되어 검출기 중앙을 통과하는 빔 파이프 주변을 감싼다. 아틀라스는 지금껏 제작된 것들 중 가장 거대한 충돌 검출기다.

420-421. 아틀라스 제어실.

422-423. 엘에이치시비(LHCb, Large Hadron Collider beauty) 주변 환경. 엘에이치시비는 B입자들(b쿼크를 함유한 입자들)의 상호작용에서 나타나는 물질과 반물질 간의 미세한 비대칭성을 연구하는 데 특화된 검출기다. '왜 우리 우주는 우리가 관찰하는 물질로 이루어져 있는가?'라는 질문에 답하기 위해서는 그 문제에 대한 이해가 매우 중요하다. 엘에이치시비는 충돌 지점 전체를 밀폐된 검출기로 감싸는 대신 주로 전방 입자들을 탐지하는 일련의 하위검출기들을 사용한다. 첫번째 하위검출기는 충돌지점 주위에 구축되었고, 다른 것들은 이십 미터 길이로 차례대로 서 있다.

424-429. 엘에이치시비 지하실험실.

안드리 폴(Andri Pol)은 1961년 스위스 베른에서 태어난 프리랜서 사진가다. 그는 사진을 통해 일상에 숨은 놀라운 것들을 찾아낸다. 대표적인 사진집으로 『그뤼에치: 스위스의 이상한 것들(Grüezi: Seltsames aus dem Heidiland)』(2006), 『일본은 어디에 있는가(Where is Japan)』(2010)를 포함하여 여러 권의 책을 냈으며, 여러 다국적 잡지와 출판물에 작품을 발표하고 있다.

신해경(辛海京)은 서울대학교 미학과를 졸업하고 KDI국제대학원에서 경영학과 공공정책학(국제관계) 석사과정을 마쳤다. 생태와 환경, 사회, 예술, 노동 등 다방면에 관심을 가지고 있으며, 옮긴 책으로는 『혁명하는 여자들』『사소한 정의』『아랍, 그곳에도 사람들이 살고 있다』『버블 차이나』『덫에 걸린 유럽』『침묵을 위한 시간』『북극을 꿈꾸다』『발전은 영원할 것이라는 환상』『존 버거의 초상』 등이 있다.

인사이드 세른
유럽입자물리연구소의 풍경

안드리 폴 사진
페터 슈탐, 롤프 호이어, 박인규 글
신해경 옮김

초판1쇄 발행일 2018년 6월 10일
발행인 李起雄 **발행처** 悅話堂
경기도 파주시 광인사길 25 파주출판도시
전화 031-955-7000 팩스 031-955-7010
youlhwadang.co.kr yhdp@youlhwadang.co.kr
등록번호 제10-74호
등록일자 1971년 7월 2일
편집 이수정 **디자인** 박소영
인쇄 제책 (주)상지사피앤비

Inside CERN: European Organization for Nuclear Research © 2014 by Lars Müller Publishers, Zürich, Andri Pol, and the Authors
Korean Edition © 2018 by Youlhwadang Publishers

이 책은 스위스예술위원회 프로 헬베티아(the Swiss Arts Council Pro Helvetia)에서 번역비 일부를 지원받아 출간되었습니다.

ISBN 978-89-301-0616-0

이 도서의 국립중앙도서관 출판시도서목록(CIP)은 e-CIP 홈페이지(www.nl.go.kr/ecip)와 국가자료공동목록시스템(http://www.nl.go.kr/kolisnet)에서 이용하실 수 있습니다. (CIP제어번호: CIP2018015596)